사는 동안 한 번은 팔아봐라

# 這輩子，至少當一次賣家

## 換上銷售腦，為自己加薪

徐課長 서과장 著
Loui 譯

# 各方好評

想學會如何站在生產者的角度思考，必然要有豐富的經驗。這本書以簡淺的文句記錄了徐課長五年來的銷售經驗，及其運用的祕訣與思考方式。文句簡淺，不代表內容粗淺。閱讀這本書時，不難感受到他每一瞬間的煩惱都不小，對他的情緒產生共鳴。我從中學到了很多東西，對他深感佩服。我要向所有想成爲銷售者的人推薦這本書。不必花錢，您就能擁有豐富體驗。

——**朱彥奎**（YouTube 專家，YouTube 頻道《朱彥奎》擁有三十九萬訂閱，《超常規》作者）

我之所以認識徐課長，源自於一個偶然的機會。兩年前，曾有人爲了牟取私利，威脅網路賣家。那時候，我看到徐課長比任何人都更積極解決這個問題，於是和他一起研商對策，也因此結下不解之緣。

那些人當時利用銷售者的弱點，威脅要起訴他們。徐課長爲此自掏腰包，聘請律師的樣子令我印象深刻。我認識的徐課長，就是這麼人品出眾。

徐課長根據自己和學員的經驗，爲線上銷售新手寫下這本書。內容不僅記述了每個人創業階段都會遇到的問題，更詳細說明如何克服它們、獲得成長。強烈推薦給各位！

——**鄭永敏**（Trend Hunter 代表，YouTube 頻道《鄭永敏 TV》擁有二十六萬訂閱）

在這個世界上，賺錢的方法有三種。第一，努力工作。第二，懂得錢滾錢。第三，擅於銷售某樣東西。很顯然的，比起只做得到其中一種的人，能夠做到二至三種的人，會賺到更多錢。

如果您爲了賺到更多財富，改變自己的人生，正在尋求打破僵局的方法，不妨看看這本親切說明如何「做好銷售」的書。我所知道的徐課長，是「最優秀的銷售者」。在他的教導之下，改變人生的數百名學員可以證明這一點。

閱讀這本書，成爲優秀的銷售者，體驗一下比現在賺更多錢的新世界吧。

——**為你我**（房地產投資專家，《月薪族，成為富翁引退吧》作者）

懂銷售的人終究會成功，這是亙古亙今的「不變定律」。無論賣自己、賣東西、賣服務、賣公司，都可以賣得很好的人才，在各行各業都會受到肯定。成功的徐課長是我認定的銷售實務領域最強專家之一。因爲我很清楚，他在成爲老闆、員工都羨慕的徐課長之前，付出了多少努力，又具備了多少獨特的策略。想要懂得銷售、獲取成功，就馬上翻開這本書吧。希望各位也能成爲「成功的人才」。

——**吳斗煥**（大學教授，二十多家公司老闆，《吳行銷》作者）

這是一本很奇怪的書。

竟然有人這麼沒有競爭意識，把線上事業可能遇到的所有問題，以及值得參考的書籍全寫出來，我這輩子還是第一次遇到。

想要偷走一個人五年線上事業的經營祕訣和試錯經驗，看這本書就對了。

——**Mgoon**（百億資產家，經營 YouTube 頻道《Mgoon list》）

如果想擺脫職場生活，打破人生僵局，絕對要看這本書。這不只是一本副業指導手冊，徐課長以簡單又友善的獨到方式，具體傳達了他的成功法則。我敢保證，各位讀完這本書以前，就會發現自己已經心情澎湃地按照書中的內容付諸行動了。

——jdarc（YouTube 頻道《賺錢的祕密，jdarc》擁有十二萬訂閱）

徐課長向無數的人傳達了生產者該有的心態，他本身也是優秀的生產者。他慷慨地向學員們分享自己從上班族時期經營副業到正式創業的過程中，親身經歷的寶貴成敗經驗，希望各位能夠藉此獲得正向影響。致富之路並不遠，這本書就是其中的一條路。

——全孝栢（Learning Annex 代表）

徐課長是我尊敬的朋友，我很高興可以推薦他的《這輩子，至少當一次賣家》。書中仔細說明了他這一路上的寶貴經驗，比如透過各種管道有效銷售，也強調了持續努力爲他帶來的改變力量。我從他廣泛的閱讀與經驗看見他開發自我的決心，這本書絕對算得上是個人與職涯成長的萬用指南。

他的特別之處不只經商成功，還有他的無私願景。除了提供單親家庭支援，他也在育幼院的弱勢兒童成年前教育他們如何行銷，這種奉獻精神爲我們的社會指引了一個正確的方向。我要聲援他藉由分享自己學到的豐富知識，幫助青少年培養心理適應能力，讓他們能爲成年做好準備的偉大計畫。

實質輔導相當重要，這本書將會成爲各位的靈感燈塔。我眞的好喜歡這本書中的實用洞見、勵志故事，以及他向讀者和每個人承諾的正向訊息。衷心支持這本書，誠摯推薦給各位。

——**金晉三**（國民銀行高階主管）

# 前言
# 想賺錢，必須懂銷售

在我的YouTube頻道上，偶爾會有人說我是「賣課程的」「賣節目的」「賣廣告的」。原因在於，我不僅銷售自己的課程，也銷售自己的節目，更經營廣告代理，銷售廣告服務。

我敢說，那些人很難賺大錢。我不是因爲他們罵我才說這種話。在資本主義世界，想要賺到錢，勢必要賣東西。上班族賣勞動力賺錢，家門前的巴黎貝甜賣麵包賺錢，特斯拉則賣電動車賺錢。舉凡小商店到大企業，賺錢的本質都是賣東西。用「賣○○的」這種詞語貶低正當進行銷售的人，絕對成爲不了「銷售者」，自然很難賺大錢，除非他是雙重人格。

同樣的，各位的職場藉由賣東西賺錢，然後支付各位薪水。各位則賣自己的勞動力，協助公司賣產品或服務。從廣義上來看，生產工作者負責生產商品，辦公室工作者負責將生產好的商品賣給消費者或其他公司。在會計部門工作的人或許會認爲銷售與自己無關，不過，會計工作其實也是爲了賣出更多商品。愈大的企業，分工愈細，往往讓人覺得自己的工作與銷售無關，但各位一定要知道，所有的工作都是爲了順利銷售商品才會存在。

這就是爲什麼有人說，想要創業的話，比起到大公司，到中小企業上班更好的緣故。規模愈小的公司，愈容易從事與銷售有直接相關的工作。我在中小企業上班時，除了負責進口海外商品，還要做品牌推廣和行銷，甚至幫忙申請過商標。這些直接的銷售經驗，造就了現在的我。

各位聽過「上班的時候把自己當老闆，自己創業也會成功」的說法嗎？這句話的意思是，我們必須認清自己負責的業務只是銷售的其中一環，在工作之餘關注、學習其他業務，了解如何做好銷售。掌握公司的銷售循環後再創業，成功的機率便會增加。

不過，想要掌握公司的銷售循環，必然要花很多時間。而且公司規模愈大，耗時愈長。因此我推薦的方式是，透過副業練習賣東西。

進入網路時代後，就算下班回家了，也可以試著賣些什麼。比如經營YouTube頻道或部落格賣內容，或者經營線上賣場賣東西。失敗也無所謂，因爲失敗的經驗可以提高下次成功的機率。多累積失敗與成功的經驗，各位的大腦就會逐漸變成銷售者的大腦、生產者的大腦。等到那個時候，各位將比現在活得更自在。

想像一下，一個邊上班邊經營副業，花費五年努力銷售各種商品的人，和一個除了賣自己的勞動力以外，沒有其他銷售經驗的人同時退休了。假設他們不謀而合地各開了一家炸雞店，誰的生意會比較好呢？花費五年努力銷售各種商品，擁有銷售腦的人肯定賣得比較好吧。

近來，很多人都說副業不可或缺。有些人這麼說，是因爲物價漲得比薪水快，必須靠副業幫忙賺生活費，但我的想法不太一樣。我們這一代的壽命比上一代更長，就算延後退休，也長不過平均餘命。如果不是老闆，總有一天得離開工作崗位，屆時缺乏銷售腦的人勢必會被淘汰。退休以後，若想在資本主義世界繼續生存下去，絕對要懂銷售，這就是我認爲副業不可或缺的原因。

這五年來，我教導了五千多人如何銷售商品。在這本書裡，我詳細寫出了銷售初學者該從何學起，從什麼地方開始著手，哪些方面比較辛苦，又要以怎樣的心態去克服。此外，爲了讀起來更親近、有趣，我創造了金課長這個角色，以第一人稱敘事，好讓各位讀者感覺自己正從導師身上獲得建議。

願這本書能夠協助身在資本主義世界的各位，朝著自主銷售者更進一步。

# 目次



## 第一章 副業入門

目次

目次

目次

★為便於讀者理解，本書韓元幣值以大約一：〇．〇二四換算為台幣。

第一章

# 副業入門

# 徐課長瞞著公司做YouTube，結果被抓到了

「金課長，您聽說了嗎？徐課長被老闆女兒抓到他在做 YouTube 耶。」

「是喔？他之前開始做這些有的沒的時，我就知道會有這一天了……」

徐課長從三個月前開始看《快速致富》這本書，連睡覺的時候都嚷嚷著如果錢不進來，就會窮一輩子。他瞞著公司做 YouTube 的事，看來被發現了。

「不過，那個無趣的 YouTube，原來眞的有人在看啊。」

請經理簽公文時，我趁機偷瞄了一眼徐課長，他的表情比想像中平靜。

「徐課長，要來杯咖啡嗎？」

「好啊！」

在公司後方的停車場聊天時，我擔心地問徐課長：

「聽說你做 YouTube 的事被抓到了？我一開始不就叫你不要做那種東西了嘛。你怎麼被抓到的？公司有說什麼嗎？」

「那個啊……聽說老闆女兒的朋友訂閱了我的頻道，他問她公司裡是不是有個徐課長。可能是我在家拍影片的時候，後面剛好掛著公司的制服吧。我的訂閱者明明不到一千人，還眞神奇。」

「你還笑得出來？我們公司不是不准兼差嗎？」

「你知道中小企業最大的優點是什麼嗎？就是離開的時候一點也不可惜。如果公司想開除我，那就開除吧。」

看來我白操心了，公司好像沒有對徐課長多說什麼。徐課長變得愈來愈大膽，不但提早到公司，在辦公室拍片，甚至還在自己的頻道上賣公司的庫存。本來就很瘋狂的他，似乎一天比一天更瘋狂。

徐課長跟我同期進公司，從一開始就有點與眾不同。副總甫上任時充滿熱情，每天早上集合全體職員，要求我們輪流說自己想說的話。當別人扭扭揑揑不知道該說什麼時，徐課長已經在眾人面前大唱傑森．瑪耶茲的〈I'm Yours〉。新的業務部經理到職時，其他人都用正常的方式自我介紹，他卻大喊自己是業務部冉冉升起的星星。他是個有點特別、不太在乎別人眼光的同事，也是我的朋友。

正當我快要忘記徐課長的YouTube事件時，徐課長來找我聊離職的事。

「我要離職！」

「爲什麼？因爲王課長嗎？」

徐課長不時因爲直屬主管王課長而心力交瘁。即便是下班後，王課長也常常找徐課長出去。而且每個人都知道，他只要一喝醉，就變得和瘋狗一樣。有一次，王課長不知道是不是心情不好，把徐課長叫去痛罵，沒多久又再發作，前前後後叫了五次。

徐課長當時大概也被惹毛了，用全部人都聽得到的音量對王課長說：「我現在好想揍你，你想在這裡被揍，還是去外面？」眞的是荒唐又好笑。徐課長在公司混得不錯，除了王課長以外，他應該沒有別的離職理由。

徐課長答道：

「王課長固然有問題，不過，我會離職，主要是因爲 YouTube 和副業經營得很好，一個月可以賺二十萬元以上了。」

「眞假？一個月賺二十萬元以上，你是怎麼辦到的啊？」

在我的印象中，徐課長做 YouTube 還不到一年，實在難以相信他藉此月入二十萬元以上。

「我除了做 YouTube，還經營線上賣場，所幸做得不錯。」

「喔……恭喜你。不過，邊上班邊經營副業不會比較好嗎？我聽說離開公司和下地獄沒兩樣耶……」

「我其實也有點擔心，但如果把上班的時間拿來專心賣東西，我想應該可以賺更多錢，所以才決定離職。你就爲我加油吧。」

聊完沒多久，徐課長便向公司遞出辭呈，執行力眞的很驚人。他就這樣離開了公司。雖然少了一個可以聊天的同事，讓人有點空虛，但我沒多久就適應了。徐課長偶爾會自誇公司沒他就不行，根本是胡說八道。公司不但發展得很順利，營收甚至更好了。

徐課長離職那天，王課長說要爲他舉辦送別派對，結果徐課長把他叫進小會議室，說自己是因爲他才離開公司的，不需要他送別，還叫他不要這樣過日子，然後飄然而去。不久後，公司解雇了王課長。

# 金次長
# 不上不下的人生

一段時間後，我成了金次長，月薪也漲了一萬兩千元左右。三十五歲，在中小企業上班，月入八萬四千元，似乎還不錯，畢竟工作並不辛苦。再加上我和老婆是雙薪，一個月大概能賺十六萬八千元。不但可以像別人一樣，一年出國旅遊一次，週末也常常出去玩。本來住在保證金兩百四十萬元的全稅房，現在則搬到保證金兩百八十八萬元、月租七千兩百元的半全稅[1]公寓。這樣算是中產階級了吧？我們過得滿好的。不對，應該說之前我們過得滿好的，在孩子出生之前……

孩子出生之後，我們的生活有了一百八十度的轉變，最大的改變就是我的零用錢。明明家庭收入是十六萬八千元，我的零用錢卻只有七千元，況且這筆錢還包含我的手機月租費。這有道理嗎？

事實上，還眞的有點道理。由於我們夫妻都在上班，必須雇用保母帶小孩，一個月就要四萬八千元。剩下十二萬元，夠我們三個人花嗎？當然夠，只是不容易存錢。當初我向父母借錢租房子，所以每個月要給他們四千八百元當利息。此外，父母幫我買的保險月付金額超過九千六百元，光是從小保到現在的變額壽險就要四千三百元。婚後我開始自己繳保費，這筆錢對我來說一直是個負擔，不過，父母已經幫我繳了幾次，也不能說解約就解約。

我和老婆以前從不吵架，但有了孩子之後，卻時常起爭執。原本雞毛蒜皮的小事，吵到最後，總會和錢的問題混在一起。沒有明確未來的不安，輕易就演變成憤怒。我甚至想過，這兩種情緒根本是同樣的東西。

不過，在此期間，希望也降臨在我們夫妻身上。由於孩子出生，房屋認購分數②變高，我們終於抽到認購機會——福井希望城，專有面積十八坪。可以在交通便利的福井買房，運氣眞的很好，老婆還特地發訊息向朋友炫耀。我充滿希望地想著：「總算能在新房子養小孩了，那附近應該會有國小吧？」現在住的公寓距離國小超過一公里，一直讓我們很憂心。

等我逐漸從美夢中清醒，回到現實世界後，各種不安頓時湧上心頭：雖然獲得認購權，但餘款該從何籌起？五年後就要入住了，我們存得到兩百萬元嗎？一年存四十萬元，五年後才有兩百萬元，可是，我們現在一個月存兩萬元都很困難了。再說，住進去之後，付完貸款利息和管理費，生活費眞的沒問題嗎？如果到時候沒錢，是要和家裡借錢，還是和老婆家借錢呢……更讓我受到打擊的是，新婚時，希望城十八坪的售價還是一千六百萬元，現在卻是一千七百五十萬元，上漲了大約一〇%之多。

「感覺就像有人在我背後捅了一刀。」我不禁在心中怒罵政客們，生育率變低就是因爲這樣吧。

「先從可以省的地方做起吧。」我開始減少外食，就算喝酒也要回家喝。一想到無解的未來，就想喝酒解悶，今天也不例外。正當我打開餅乾，準備來瓶啤酒時，老婆開始嘮叨：

「酒少喝點，對健康不好。」

「我工作這麼辛苦，總要放鬆一下吧！」

在公司也被罵，回到家也被罵，真的毫無地位。連想暢飲一杯也不行，像話嗎？

即便如此，至少我獲得房屋認購權，孩子順利成長，還有一個會嘮叨的老婆，日子也還過得去吧。

不對，應該說那段日子還過得去，在父親得肺癌以前……

---

① 全稅是韓國特有的租屋制度，保證金高達房價的三〇至九〇%，不需再繳月租，只需負擔水電等費用。半全稅則是保證金以外，還需繳交部分月租和水電等。兩者的保證金都比月租制高很多，但每月支付的費用相對低廉。

② 韓國有購房儲蓄制度，成年有戶籍者可開立「請約存摺」，以儲蓄、無房產年資、撫養人數等項目累積分數，藉此享有公共住宅或民營公寓的優先認購權。

# 人生不會按照計畫進行

幸好老婆準備父親生日禮物時，爲他預約了健康檢查，我們才及時發現父親罹癌。由於是初期，開刀切除就沒事了。父親是老菸槍，我本來很擔心他的身體狀況，但他動完癌症手術後，便戒掉多年的菸癮。然而，併發症比癌症更可怕。父親的肺部開了一個洞，弄得全身腫脹，遊走在死亡邊緣。

父親只好待在家休養，要是去工作的話，說不定病情又會惡化。我身爲長男，自然不能袖手旁觀。和老婆討論之後，我們決定多給父母一點生活費。縱然那些生活費對父親來說很寶貴，但我們家的未來也因此變得更黯淡。黯淡的未來觸動了我們的不安，不安轉化爲憤怒，憤怒演變成爭執。

我下定決心經營副業，大概就是在這個時候吧。找尋副業時，我發現自己可以做的就是外送。我很喜歡騎腳踏車，同時也在腳踏車公司工作，騎腳踏車外送對我而言是最合適的副業。

於是，我開始在下班後騎腳踏車外送。一天最多能賺到快一千元，又能兼顧健康，可說是一石二鳥。我每天都過得很有成就感。工作上手後，單月額外收入有時還能超過兩萬元，使我愈來愈貪心。再加上老婆對我爲家庭帶來額外收入讚不絕口，我逐漸覺得外送時停等紅燈是在浪費時間，時不時就違反號誌。

出事那天，我習以爲常地闖紅燈，路口卻突然出現一輛車，我爲了閃避，不小心摔倒，腳踝也受了傷。由於傷勢嚴重，好一陣子都不能騎腳踏車外送。我向老婆謊稱自己是騎車滑倒，她沒說什麼，只對我說辛苦了，哄睡小孩後就來照顧我。

老婆一邊照顧我，一邊看名爲《月薪族富翁》的 YouTube 頻道，應該是好奇我們抽中的房子價格是漲是跌吧。可是，我在節目中看到了熟悉的面孔。我的前同事兼好友徐課長，在有一百一十萬人訂閱的 YouTube 頻道登場。他離職不過五年，已經是一間公司的代表，底下員工超過十名，還在全國各地開了六家分店。

離職五年，他完全變成了另一個人。

# 暌違五年的聯繫

這五年來，我忙到沒時間聯絡徐課長。儘管如此，我還是抱著愉快的心情傳訊息給他。

「徐課長～我看到你上《月薪族富翁》了，過得不錯嘛。」

「啊！你看到了啊？金課長，不，你現在是次長了吧？金次長，好久不見了。過得還好嗎？工作還好吧？」

「工作還好啊，只是忙著照顧小孩。」

「喔，恭喜呀。孩子幾歲了？」

「現在三歲。」

「很大了呢～週歲時怎麼沒找我？」

「我們只和家人簡單辦個聚會，所以就沒找你了。」

我們好久沒聯絡對方，天南地北聊個不停。後來，徐課長傳給我面值八千元的百貨公司商品券。我看成了八百元。

「何必給我這個？」

「幫女兒買件衣服。」

「哎呀，謝謝你！下次再聊吧。」

我把徐課長給的商品券轉給老婆，並告訴她徐課長的事。老婆收到禮物後，問我金額會不會太多，我才發現是八千元。那瞬間，我心裡除了感激，也充滿了不愉快：「他是在炫耀自己賺很多嗎？」

我立刻傳訊息問他：「喂，你給這麼多，叫我怎麼收啊？」

「既然是朋友的女兒，至少要做到這個程度吧。你不需要感到負擔，反正我很有錢。」

我心中升起一把無名火。雖然他這麼說是希望我不要有壓力，聽起來卻很刺耳。

「我覺得還是太多了……我退給你吧。」

「咦？沒關係啊……如果你覺得不舒服的話，那就這樣吧。」

退還商品劵後，我心情輕鬆許多。接著，我點開了徐課長經營的YouTube頻道《了不起的徐課長》。老實說，自從他開始做YouTube，要求我訂閱的那一天以來，我還是第一次看他的頻道。徐課長的頻道裡充滿學員的採訪影片，他們每個人都以代購爲副業，藉此賺到額外收入。看了十五分鐘左右，我關掉了影片。

「做這個要會電腦才行吧。我對電腦這麼不在行，做得來嗎？」

關掉影片時，我心想自己未來不會再和徐課長有聯繫了。直到老婆成爲徐課長的粉絲……

# 老婆的請託

老婆似乎是因爲看到我腳踝受傷，感受到了生計壓力。有一天，她突然跟我說自己看完了徐課長頻道的所有影片，決定嘗試做線上副業。說到這裡還無所謂，但她接下來拜託我去問徐課長該做哪一種副業比較好。當初她一邊照顧我，一邊看《月薪族富翁》的頻道時，眞不應該向她炫耀我和徐課長關係有多好。在老婆的不斷催促下，我只好再度聯絡徐課長。

「徐課長？不對，我應該叫你徐代表嗎？好複雜啊。」

「吼～叫什麼代表，叫我徐課長就好，這樣我比較習慣。」

「好吧。是這樣的，我老婆想經營線

上副業，可是不知道該做什麼，想請教你。你有推薦的副業嗎？」

「嗯……副業？你老婆可以成立公司嗎？」

「不行，他們公司禁止兼差，她應該不能成立公司。」

「是喔？那要不要先試著寫 Naver 部落格或 Tistory，或者試看看 WordPress①？」

「我聽過 Naver 部落格，但 Tistory 和 WordPress 是什麼？」

「假設你在 Naver 部落格貼文，也有很多讀者，Naver 就會在你的文章投放廣告，依照曝光次數支付廣告費，這就是寫部落格的賺錢方式。不過，你知道 Google 給的廣告費比 Naver 高嗎？由於 Naver 部落格不能放置 Google 廣告，我才建議你使用 Tistory 或 WordPress。這樣一來，你就可以放置 Google 廣告，賺取更多廣告費了。」

「可是，大家都看 Naver 部落格吧？Tistory 和 Google 的使用率高嗎？」

「的確如此。不過，Google 在韓國也愈來愈普及了，不然，你也可以透過 Naver 部落格讓讀者連到 Tistory 的貼文。」

「是喔？總之就是要寫部落格吧……我知道了！我會告訴我老婆。」

那天，我跟老婆說徐課長推薦寫部落格當副業，老婆卻嫌棄地說自己的朋友也在寫部落格，但收穫和付出的努力根本不成正比，而且她完全沒聽過Tistory和WordPress，叫我再問問看有沒有更新穎的副業。在我看來，與其一直發訊息問徐課長，不如請他吃個飯，順便把想問的都問一問，於是約他碰面。徐課長雖然很忙，還是爽快地答應了。好久不見的徐課長不僅紋了眉，好像也比較瘦了。

「你的眉毛是怎麼回事？」

「啊，訂閱者老是叫我紋眉，所以我就這麼做了。我可是一個會採納訂閱者意見的YouTuber。」

「不過，訂閱者有十一萬人的話，在路上不會有人認出你嗎？」

「嗯，偶爾會……我起初覺得很開心，但現在一舉一動都要非常謹慎，不全然是好事。」

「話說回來，我老婆說寫部落格賺不了什麼錢，想要請教有沒有其他推薦的副業？」

「這樣啊？要是進行公司登記，就能經營線上賣場了。不然，要不要試試聯盟行銷？」

「聯盟行銷？那是什麼？」

「你聽過酷澎②夥伴嗎？」

「沒有耶，什麼是酷澎夥伴？」

「幫忙酷澎宣傳、販賣商品，就能分潤三%。簡單來說，有點像廣告代理。做起來的話，就算沒有公司，也可以賺到一些錢。」

「可是，酷澎怎麼知道那個商品是我幫忙宣傳賣掉，還是消費者自行搜尋購買的呢？」

「加入酷澎夥伴後，你就能登入網站搜尋銷售商品，點選商品，便會生成你的專屬網址，提供你宣傳商品時使用。如果那些對商品有興趣的人透過你的專屬網址購買，酷澎就會在二十四小時內將購買金額的三%分潤給你。更有趣的是，購買者如果在二十四小時內在酷澎買了其他東西，你也可以獲得三%的分潤，即便那不是你宣傳的商品。」

「即便買的不是我宣傳的東西，我也可以拿三%？」

「嗯，所以很多人都會誘導讀者點連結。」

「那麼，我要在哪裡宣傳酷澎的商品？」

「只要是人們常用的線上平台，無論哪裡都行，YouTube、Naver 部落格、Naver 知識、Café 社群③、IG、臉書……」

「說來說去，我還是得弄清楚應用這些平台的方法嗎？」

「嗯，所以我才會叫你先經營部落格。如果有部落格，不僅能靠曝光次數賺錢，也能加入酷澎夥伴、體驗試用團等，賺錢機會非常多。況且，還有一個更重要的原因。」

「更重要的原因？是什麼？」

「我也想一個一個跟你解釋，但我實在沒時間了。我等等發給你我寫的電子書，你好好看一遍。如果有不懂的地方，到時候再問我好嗎？」

「喔……好啊，我知道了。」

原本約他見面，是想找個比較簡單的線上副業，卻感覺愈來愈複雜了。他發給我的電子書叫做《副生副死》，意思是「爲副業而活，爲副業而死」。這傢伙從以前就很愛看武俠片，看來至今仍沒有改變啊。

①Naver是韓國最大入口網站。Tistory是部落格網站，在韓國擁有高人氣。WordPress則是架設網站、部落格的開源內容管理系統。
②酷澎是韓國最大電商。
③Café社群在韓國相當盛行，早期絕大多數的韓國明星都有官方Café，用來與粉絲直接交流。

# 成為銷售
# 某樣東西的人

我把電子書傳給老婆，她看不到一天就說自己完全看不懂，叫我好好研究。畢竟是徐課長的心意，我只好打開電子書，仔細閱讀目次。

1 為什麼要經營副業？
2 數位世界的運作靠的是演算法
3 生產者心態最重要

第一章的標題不是很討喜。經營副業不就是爲了多賺點錢嗎？還能有什麼原因。書中提到，副業必須有擴張性，而外送這類的勞動工作缺乏擴張性。雖然我引以爲傲的外送工作受到輕視，讓我不太開心，但他說的並沒有錯。

既然如此，怎樣的副業才有擴張性呢？書上說，天下所有的賺錢之道皆始於銷售某樣東西。就業是以自己的勞動力換取金錢，公司賣產品或服務賺取利潤，技術人員則賣技術賺錢。即使經營副業，也要懂得銷售，才有辦法賺大錢。書中不建議把時常接觸到的省錢 App[①] 或問卷調查、YouTube 評論當作副業，因爲這些事情與銷售無關。

接著，又提到了部落格。該死的部落格。部落格是與銷售有關的副業，因爲寫部落格時，我們會考慮消費者好奇怎樣的內容，以及如何提高曝光率、內容是否有說服力等，這些都是銷售的基本要件。

讀著讀著，不禁覺得這些理論不只適用於線上銷售，也適用於現實。我底下的腳踏車門市店長們時常說：「腳踏車店要開在人們看得見的地方。」他們告訴我，即便店租貴一點，也要在顯眼的地方開店，生意才會好。此外，就算客人進門了，也要店長或店員能說善道，業績才會好。那不正是曝光率和說服力嗎？徐課長在電子書裡寫的，似乎就是這些內容。

書上說，年紀變大以後，就算想賣勞動力也賣不出去，屆時非得賣別的東西維生不可。無論是貼壁紙、掃廁所、賣保險，總之就是要銷售技術或服務，才有辦法賺到錢。爲了防範未然，我們必須學會如何銷售，經營副業便是學習、練習銷售的一種方式。徐課長也賣過各種東西，最終他選擇賣課程，一年營收七千兩百萬元。他爲了學好銷售，光是學費就花了一百二十萬元。

我認爲很有道理，世界上的年輕富豪們幾乎都是善於銷售某樣東西而致富。於是我想：假如我想賺錢，也要成爲懂得賣東西的人。

可是，我現在能賣什麼呢？我現在能賣的除了我的身體，也就是我的勞動力，還有別的嗎？看樣子，我必須再和徐課長見面才行。

①完成指定任務就能換取折價券或回饋點數等小利益的各種應用程式。

# 試著銷售別人的商品

「徐課長，我想問你一件事。」

「嗯?什麼事?」

「我知道自己應該賣東西，但我除了勞動力，沒別的可以賣啊?到底要賣什麼呢?」

「如果沒有的話，試試我上次說的酷澎夥件，賣酷澎的東西吧。」

「要在哪裡賣酷澎的東西?」

「部落格!」

該死的部落格……好吧，我就來寫一次看看。下班回家，哄睡女兒後，我架設了人生第一個部落格。光是這麼做，就已經讓我精疲力盡。結果，我一篇文章都沒寫。隔天，我加班了。再隔天，女兒生病，我完全忘了部落格的事。幾天後，徐課長聯絡我。

「你寫部落格了嗎？」

「沒有……又是加班，又是小孩生病，我的生活簡直一團亂。」

「嗯……金次長，要不要試著和我一起『設定環境』呢？」

「設定環境？要怎麼做？」

「我最近也在寫文章，但一直沒什麼進展。不如我們互相監督，誰沒做到該做的事，就得接受處罰。比如，你一天沒寫部落格，就給我兩百元；我一天沒寫一千字，就給你兩千元。」

「喂！爲什麼你是兩千元，我是兩百元啊？如果眞要這樣做，一律都罰兩千元吧！」

「好！那我們不管幾點，每天都要把當天的進度傳給對方，才能睡覺喔！」

「沒問題！」

由於不想示弱，我也跟著喊兩千元，但那已經接近我零用錢的三分之一了。話說，每天寫部落格這件事，要持續到什麼時候為止？我又該針對哪種產品寫文章呢？想著想著，天色漸漸變暗。後來，我想起了最近在酷澎買的吸塵器。我拍了幾張吸塵器的照片，寫了一篇文章。

**標題：在酷澎買的八百八十八元吸塵器**

**內容：這是一台無線吸塵器，不用插電即可打掃。**

（照片）

**可切換五段吸力，吸力強勁。**

（照片）

我一改再改，但無論怎麼寫，都覺得很粗糙。晚上十二點左右，徐課長傳來他今天寫的一千字。到了凌晨兩點，我終於寫完內容。將上傳完成的照片發給徐課長後，我就睡著了。

早上一醒來，我第一個想到的就是部落格文章點閱數。我登入部落格，確認晚上有誰看過我的文章，結果一個人都沒有。

「也對……怎麼可能一步登天呢。」

儘管如此，我還是爲自己有所作爲感到自豪。吃完午餐後，我再度登入部落格，部落格文章點閱數依舊是零。

第二天，家裡沒有什麼值得寫的商品，於是我在酷澎網站上找了一部我最感興趣的筆記型電腦，發了一篇文章。這天的點閱數依舊是零。第三天，我寫了撞球桿。筆記型電腦那篇文章的點閱數上升到一。到了中午，早上的一變成了五，我開始想像：「再過不久，我就會賺錢了吧？」

夢想很美好，我得到第一筆收入「八元」卻是十六天以後的事情。

# 終於獲得首次收入

當你的思考方式因爲新經驗而向外擴展時，便不會回到原先的水準。

——奧利弗·溫德爾·霍姆斯

開始寫部落格以後，我領悟到自己的堅持頂多只有七天。我質問徐課長，爲什麼我這七天以來，每天都寫部落格，卻賣不掉任何東西，這件事眞的能賺錢嗎？

徐課長看了我的部落格，對我說這樣寫當然不會賺錢，還反問我有沒有看完電子書。我告訴他我連寫部落格的時間都不夠了，哪有時間看完電子書。聽完我的回答，他用非常嚴肅的表情指出：

「經營副業之前，不先學習相關知識，只是在浪費時間與精力。你先好好看完我的電子書，再照著做一遍，肯定會有收入。」

「如果還是沒有呢？你要怎麼樣？」

看見徐課長露出罕見的憤怒表情，我閉上了嘴巴。反正養傷的這一個月，我什麼也不能做，回家以後，我讀了徐課長的電子書《副生副死》第二章〈數位世界的運作靠的是演算法〉和第三章〈生產者心態最重要〉，發現自己真的做錯了。

第二章的主旨是「數位世界的分數取決於演算法」，YouTube、部落格、SmartStore①裡的所有內容和商品都有排名。排名愈高，愈容易在平台曝光，大眾看到內容或購買商品的機率自然會變高。每個平台的評分標準都不一樣，卻不無道理。在Naver寫部落格的人不計其數，每天上傳的文章起碼幾萬筆，怎麼可能靠人工判斷誰要在醒目的第一頁曝光，誰要在第五頁曝光。據此，Naver勢必得靠ＡＩ、演算法計分，以特定標準決定每篇文章的排名。有趣的是，Naver親切地公開了自家的演算法評分標準，那就是C-RANK與D.I.A、D.I.A+

邏輯。電子書上沒有說明這些東西是什麼，我立刻求助徐課長。

「徐課長！我先前寫部落格的時候，對數位世界的運作原理眞的是一無所知耶。那個C-RANK、D.I.A、D.I.A+邏輯是什麼啊？」

「說來話長，你查查部落格或YouTube，絕對找得到。」

「你不能說明給我聽嗎？」

「金次長，時間寶貴的不只有你，況且你也該學習怎麼找資料。去看看Naver近期與C-RANK、D.I.A、D.I.A+邏輯有關的所有文章吧。你想知道的，上面全寫得一清二楚。你知道爲什麼嗎？因爲那些人也想靠部落格賺錢。」

我有點難過，但徐課長確實很忙。我在部落格網站搜尋C-RANK和D.I.A，果然有很多資料。

「所謂的C-RANK，就是透過演算法得知大眾是否關注某個部落格的主題（Context），以及該部落格的資訊品質（Content）、內容和消費或生產有怎樣的連鎖反應（Chain），藉此評斷這個部落格是否具備可信度和人氣（Creator）。」

簡單來說，可以說是「我的部落格排名」。假設我寫的內容一向不錯，也有很大的影響力，C-RANK 就會變高，使我的文章更容易曝光。而 D.I.A 和 D.I.A+ 的意思是，根據我寫的內容是否爲自身經驗或原創文章，判定是否加分。

看到這裡，一般人想必會產生「原來我應該依照自己的經驗寫文章」或「我必須寫些原創性的內容才行」的想法，書上卻說我們不能用人的思考方式看待這件事，因爲替部落格評分的不是人。那究竟要怎麼寫，才算得上是原創文章呢？我們必須寫出 Naver 的 AI 或演算法覺得是原創的內容才行。無論是字數也好，特定單字或形式也罷，演算法都有自己的一套標準。

有誰知道確切的標準？當然只有 Naver 的開發人員，畢竟這絕對要保密。不過，很多部落客按照自己的經驗與測試結果，找出演算法特性，並在部落格或 YouTube 上公開。而 Naver 彷彿想要反駁這些部落客一樣，不斷改變自家的演算法。

第二章〈數位世界的運作靠的是演算法〉尾聲，有段話特別以粗體標示：

**各位務必記得，若要在數位世界賺錢，相較於學習、跟上不斷變化的演算法，讓自己像演算法一樣思考更重要。**

至今爲止，我看過許多部落格、YouTube、IG，但從來沒想過，我看到的那些內容，全是在名爲演算法的分數戰役下獲勝的結果。現在知道也不遲。然而，知道這件事之後，我更寫不出文章了。提高部落格曝光率的方法多不勝舉，比如，「寫一千四百字以上」「上傳幾張以上的照片」「放幾個動圖」「避開某些詞彙」等，這讓我更無從下筆。

最令人頭痛的莫過於第三章〈生產者心態最重要〉。這個章節強調的是，想要成功推銷文章或商品，就不能寫自己想寫的文章，賣自己想賣的商品。必須站在對方——訂閱者或消費者——的立場，寫他們想看的文章，賣他們想買的商品。

「我怎麼會知道消費者想要什麼……」

書上說，在沒有網路的時代，很難得知消費者喜歡什麼，但現在不一樣了。確認大眾搜尋的關鍵字，便能摸清消費者的喜好。舉例來說，我今天想知道 C-RANK 相關內容，便可以在 Naver 輸入「C-RANK」當作關鍵字。到了午休時間，我想找吃飯的地方，就用「吉洞美食餐廳」這個關鍵字找餐廳。研究後我才知道，Naver 蒐集了所有被搜尋過的關鍵字，並且將數據公開在 Naver datalab。根據這些數據，我們可以分析出大眾近期較常搜尋什麼、較少搜尋什麼，藉此預測消費者的需求。

不久前，新林洞發生殺人事件，大眾最常搜尋的就是護身用品和伸縮棍。書中提到，YouTuber 如果能迅速察覺這股趨勢，發布與護身用品有關的內容，就可以增加瀏覽次數，藉機賺到錢。當時，銷售伸縮棍的人，光是在 Gmarket②，單日就賣了七百件商品。在數位世界裡，所有資訊都是公開的，只不過我未曾留意，也不知道如何運用罷了。

我先前寫部落格時，總是隨意決定主題，不曾以閱讀者的角度思考，也毫無關鍵字的概念，沒寫出 Naver 演算法喜歡的內容，所以曝光率明顯比別人差。到底該如何提高文章的瀏覽次數呢？我實在很好奇，卻怎麼找都找不到答案。於是，我又問了徐課長。

「我看了你的電子書，稍微了解我的文章爲什麼沒有人氣，以及數位世界如何運作了。不過，我對一件事很好奇，我從來沒考慮過演算法，也不曾使用正確的關鍵字，爲什麼還是有人看到我的部落格？他們是從哪裡點進來的呢？」

「或許是運氣好，剛好使用了別人想看的標題……有很多的可能。從瀏覽次數短暫上升後停止的情況來看，應該是『最新分數』這類邏輯的影響。」

「最新分數？」

「對，最新分數。部落格會賦予部落格新手最新分數，在一定的期間內增加他們的觸及率。不只是部落格，YouTube、購物網站等平台都套用了這個演算法。」

「爲什麼要特別賦予新手分數呢？」

「平台必須持續吸收新用戶，才會有新資訊、新內容，讓更多人願意加入平台。要是平台不增加新用戶的內容觸及率，只讓現有熱門用戶的內容被看見，新用戶就不會繼續使用平台。少了新內容，平台沒多久就會完蛋。因此，平台會賦予新內容最新分數，提高它們的曝光度，呈現新內容給大眾。不過，如果大眾對新內容不感興趣，排名就會再度下滑。」

「啊……原來，我的文章會被看見，是因爲最新分數……那現在不再有人點閱，想必是排名下滑了。」

我似乎領悟了什麼，心情卻不是很好。要思考的事情愈來愈多了，看來今天晚上又要熬夜寫部落格了。

就這樣，十九天過去了。爲了不違背和徐課長的兩千元之約，我連續寫了十九天的部落格。在這十九天裡，徐課長曾經有一天沒達成約定，所以給了我兩千元，讓我感到很自豪。除此之外，這段期間還發生了另一件好事，那就是酷澎夥伴有了首次收入。寫了十九天的部落格，我終於進帳八元。

確認銷售內容時，我發現賣掉的是兩百六十元的泡麵十五入組合。「我沒有寫過有關泡麵的文章啊？」想到徐課長說過，就算不是我宣傳的商品，只要連結我的專屬網址，並在二十四小時內在酷澎買了其他東西，我就可以獲得三％的分潤。

拚命寫了十九天的部落格，只賺了八元……真是空虛啊。

① Naver 旗下的線上購物平台。

② Gmarket 是韓國大型電商網站之一。

# 勞動力的價值

獲得首次收入之後，徐課長說要請我喝酒慶祝。正巧我也有話想說，就答應了他的邀約。

這段期間，我每天忙著寫部落格，連和朋友見面的時間都沒有，特別想喝一杯。不過，喝酒的其實只有我而已。徐課長不能喝酒，一杯五百毫升的啤酒就會臉紅。所以之前喝酒時，我都不會找他。

我一邊和徐課長喝酒，一邊無奈說道：

「這十九天來，我每天寫部落格，卻只賺了八元。老實說，如果把寫部落格的時間拿來做外送，早就賺超過一萬元了。就算再花二十天寫部落格，我想，頂多也是賺個二十元，眞的有必要繼續做下去嗎？」
「嗯……金次長，你想要賺很多錢嗎？」
「這還用問嗎？」
「一天七小時，每天都做外送的話，可以賺很多錢嗎？」
「雖然可以賺錢，但沒有我想要的多。」
「那要怎麼賺很多錢？」
「吼，我又沒賺過很多錢，怎麼會知道……」
「想要賺很多錢，必須先提高時間價値，也就是提高時薪。比起外送，醫生的時薪更高吧？儘管這是理所當然，但現在要你成爲醫生，說實在，不容易吧。這個例子不好，我換個例子。假設你現在不做外送，改學貼壁紙，然後晚上去打工，時薪肯定比外送高吧？」
「應該吧？」
「但你看過貼壁紙的人，一個月賺超過二十萬元嗎？」
「好像沒有。」

「那你看過寫部落格的人，一個月賺超過二十萬元嗎？」

「我上網查的時候，好像還不少。」

「部落格的附加價值很高，只要你認眞做，絕對比一般的技術性工作賺錢。」

「十九天賺八元，附加價值高在哪？」

「你會這麼想，是因爲你還不了解數位世界的特性。你的部落格總瀏覽次數現在滿多的吧？假設你繼續寫文章，瀏覽次數持續上升。你在網路上發布的內容愈多，愈容易被別人看見，收入也會跟著成長，即便你在睡覺或到公司上班的時候都一樣。當你的部落格經營得愈來愈好，分數愈來愈高，文章持續大量曝光時，無論是線上或實體銷售者，都會找你幫忙宣傳。他們委託你寫一篇文章，可能是七千元，也可能是一萬兩千元。

「不單單是這樣，等你成爲部落格專家後，很多公司會請你幫忙經營官方部落格，一個月寫五篇文章，就能領到兩萬至七萬元不等。部落格的附加價值跟你做外送不一樣。如果想要賺很多錢，一定要找附加價值高的工作。我認識一位名叫 Domo Queen 的老闆，她不僅要照顧生病的老公，還要撫養三個小孩。她幫別人經營部落格，一個月可以賺近百萬元。如今，她的目標是一個月賺兩百萬元。」

「可以賺這麼多錢的人沒幾個吧？」

「確實不多，但重要的是你的方向。想要靠外送或勞動力賺大錢，連做夢都不要去想。如果工作的附加價值很高，至少有點希望。假如你像那位老闆一樣堅持不懈，持續學習、實踐，就算賺不到一百萬元，也能賺到二十萬元吧？」

「靠外送存錢，然後投資股票或房地產，也能賺錢吧。誰說我一定要經營副業呢？」

「房地產和股票的確不錯，但有太多你自己不能控制的變數。爲了克服這些變數，必然要花費許多時間。而且，你把股票和房地產看得太簡單了，想要利用股票或房地產賺錢，必須具備相當的知識。除了要了解整體經濟、實體經濟，還要分析企業、實地考察，研究投資人的心理。你能夠一邊做外送，一邊做這些事嗎？相較之下，部落格演算法簡單十倍。想要理財的話，等你透過副業創造大量現金流再說也不遲。」

「可是，演算法、C-RANK、D.I.A 這些東西對我來說眞的陌生又難懂，沒有比較容易理解的方法嗎？」

「你去聽聽部落格課程吧。對你會有幫助的。」

「我都還沒賺到錢，哪來的錢上課？」

「我不是給你兩千元了嗎？就用那筆錢吧。你正在做的部落格副業，只需要一台電腦和你的大腦。既然你已經有電腦了，接下來就是改造你的大腦。想要改造大腦，得持續注入知識才行。因此，你必須不斷學習相關知識。華倫．巴菲特不是說過嗎？最好的投資，就是投資自己。」

這傢伙當 YouTuber 當久了，變得有夠嘮叨。仔細想想，我這輩子除了補英文以外，似乎從來沒有爲了賺錢投資過自己。我決定將徐課長少寫一天文章的兩千元罰金，拿來報名部落格課程。

# 生平第一次聽部落格課程

一千八百元的部落格課程，有將近一百人報名參加。每當講師提到部落格相關話題時，就會有數不清的提問，但我連一半都聽不懂。儘管如此，我還是有一些收穫。比方說，「頻繁使用同樣的超連結，會降低部落格的品質」「直接刪除未曝光的文章，會導致部落格被扣分，必須換個做法」，以及讓文章維持高曝光率的技巧等。

令人大開眼界的課程整整持續了五個小時。等到上完課、回到家時，我的體力幾乎耗盡。雖然很想直接上床睡覺，但我不想繳罰金，於是運用了今天所學，先檢查關鍵字後再發文，接著才安心入睡。

第四十天時，我獲得了部落格廣告刊登資格，酷澎夥伴單月收入達到兩千元。所謂的部落格廣告刊登就是，我可以開始在我的部落格文章中置入廣告，讓讀者看見它們，再依瀏覽次數收取廣告費。這麼說起來，我的部落格讀者也增加不少了，所以我才會獲得這樣的資格。話說回來，別人點進我的文章時，我可以收錢，別人經由我的酷澎夥伴連結購物時，我也可以收錢，根本是一兼二顧，摸蜊仔兼洗褲，太開心啦。

我利用部落格課程中提到的網站，確認我的部落格等級。部落格等級依序爲低等、一般、次優（一至六級）、優等（一至三級）。部落格等級之所以重要，是因爲提出體驗試用申請時，業者會參考部落格等級來選擇合作夥伴。如果想利用部落格創造更多收入，必然要提高部落格等級。部落格等級沒有明定的評分方式，每個平台開發商都有一套自己的演算法。

獲得部落格廣告刊登資格後，我更有發文動力了。除了找尋大眾可能感興趣的主題，也認眞運用在部落格課程學到的內容。某天下班回家後，我和平常一樣打開電腦，準備寫部落格，老婆卻突然關掉電腦，直呼我的名字。

「金、鎮、秀！」

由於我毛髮旺盛，老婆平常都暱稱我爲莫特①，不會叫我的名字。我立刻確認手機的行事曆，今天不是老婆的生日，也不是結婚紀念日……奇怪？今天不是特別的日子啊。我緩緩回道：

「老婆怎麼了？有什麼事嗎？」

「你來這裡坐一下。」

「怎麼了嗎？爲什麼突然……」

「小孩是我一個人的嗎？我又不是家庭主婦，我和你一樣都在上班耶。爲什麼你下班都在玩電腦，把小孩丟給我一個人照顧？」

「不是那樣的……我不是在玩電腦，而是在認眞經營副業。我在賺錢啊！」

「賺了多少錢？整天待在電腦前，一個月只賺兩千元的話，不如幫忙照顧小孩。」

「現在的確是這樣，但線上副業做久了，會愈來愈賺錢的……」

「那種東西是能多賺錢？算了吧，你還是別做了。」

「那種東西？我爲了貼補家用，每天熬夜經營副業。妳以爲辛苦的只有妳嗎？我要上班，還要做副業，也很辛苦好嗎？」

「是啊，你說的沒錯，嫌辛苦就不要做了！幫忙照顧小孩就好！」

先前的努力瞬間化爲泡影。老婆爲什麼不明白我是爲了誰這麼努力學習，每天熬夜工作……啊，管他的，放棄這麼困難的事，對我來說反而更輕鬆。我隨即傳訊息給徐課長，告訴他我和老婆吵架了，以後要幫忙照顧小孩，不能寫部落格，「設定環境」應該到此爲止。之後，我就和孩子一起進入夢鄉。

①韓國動畫《魔髮小道士》的主角。

# 徐課長衷心的建議

隔天早上，上班時，我接到了徐課長的電話。我告訴徐課長前一天發生的事，他似乎明白我的心情，開口安慰我：

「金次長，我幫很多人上過課，大部分的人都得不到另一半的支持。有的人瞞著老婆來上課，有的人瞞著老公來上課，他們就算接個電話，也要在外面偷偷接。有些老公明明認眞發文賣東西，老婆卻在背後冷言冷語，說他要是能賺錢，阿貓阿狗都能賺錢。有些老公以爲老婆在做直銷，揚言要把她們頭髮剃光。不過，這些人總有一天會改變。一旦他們的另一半靠副業賺了五萬元、七萬元，本來說阿貓阿狗都能賺錢的老婆，會改口說自己照顧小孩就好，讓他們專心工作。本來以爲老婆做直銷的老公，會在她們熬夜工作的時候，削蘋果給她們吃。縱然是戴爾．卡內基，也不可能馬上讓老婆改變想法。不過，當成果慢慢展現出來時，事情自然會有轉機。雖然很悲傷，但經濟能力可以改變家庭中無形的階級地位。」

「我都已經沒時間經營副業了，她還叫我幫忙照顧小孩，我要怎麼辦？」

「哄睡小孩後再做不就得了？」

「小孩睡著都十點了，哪有可能經營副業？」

「只要有心，沒有辦不到的……我就是這樣。」

徐課長的語氣突然變得無比沮喪，讓我不知道該說什麼。看來無論是誰，都有難言之隱啊。好吧！既然頭都洗下去了，我就再多努力一點吧。

**經營副業第六個月的收益：**

**酷澎夥伴收入一萬兩千元。**

**部落格廣告刊登收入兩千元。**

體驗試用收入六千元。

我終於靠副業在一個月內賺到兩萬元了。我的部落格等級目前高於次優五級，約莫落在次優五．五左右。我加入了幾個 Kakao Talk 的體驗試用團社群，提出五次申請，大概有一次能獲得工作。擔任體驗試用團時，除了可以出門打牙祭，也可以賺到錢，讓我感覺自己總算像個一家之主。一個月兩萬元，繼續保持下去，一年就能賺到二十四萬元了。我逐漸看見希望。

某天，Naver 改變了演算法，我的幾篇文章失去觸及率，酷澎夥伴收入也跟著下滑。突如其來的考驗使我意志消沉，才剛要開始就洩了氣。我登入 Café 社群「部落格研究所」，論壇一片譁然，大家都在抱怨自己的等級下滑。我一點都不想看那些文章。

「我的人生總是不如意啊。」

這次，換我約徐課長出來喝酒。我告訴徐課長，我的收入在演算法改變以後變少了，他卻泰然自若地回我這是理所當然。眞想賞他一拳。

徐課長似乎察覺了我的想法，接著說下去：

「不光是你，所有的部落客都會遇到同樣的事。有些人會因此受挫放棄，有些人會把它當作學習的機會，飛得更高更遠。改變就是機會，你要往好處想才行。」

「話說得好聽，這種事有辦法往好處想嗎？」

「金周煥教授在《心理彈力》這本書中說過，一個人正不正面，取決於自己的大腦如何說故事。面對同樣一件事，正面的人以樂觀腦說故事，負面的人以悲觀腦說故事。大腦擁有可塑性，只要願意付出努力，悲觀腦也會變成樂觀腦。儘管很勉強，你也要往好處想。」

「和你聊天，我偶爾會覺得自己好像在和一本自我啓發書聊天。」

「哦~謝謝！既然這樣，你要不要乾脆成立公司，經營線上賣場呢？」

「線上賣場？我光是寫部落格都快累死了，你還叫我經營線上賣場？」

「嗯，做得好的話，賺錢的速度可是比寫部落格更快呢！」

「有必要嗎？我覺得做部落格就夠了啊？」

「我叫你做就做！這本書總要有點進展啊！」

徐課長抛下一句莫名其妙的話，看來經營線上賣場一事是勢在必行。

# 第二章

# 朝著「銷售者」邁進

# 代銷的第一步

在徐課長的強力推薦下，我報名了他的線上銷售課程週末班。由於週六和週日整天都要在教室上課，我本來以爲老婆絕對不會同意。然而，自從部落格的收益一個月超過兩萬元以後，她已經不再干涉我的副業，雖然也不是笑著說好。

到場的學員有二十多人，年紀都跟我差不多。徐課長爲了確認每個人的水準，問了各種問題，大部分的人都對線上銷售很陌生。

聽完第一堂課，我的感想是：線上銷售不過是換了一個平台，需要操心的事和部落格幾乎沒兩樣。經營部落格時，我必須學習演算法，提高文章的曝光度，也要在縮圖添加引人注目的說明文字，提升部落格的流量。線上銷售的平台雖然不是部落格，而是酷澎、SmartStore、Gmarket、AUCTION.、11street①等公開市場，依然要設法讓商品曝光、提升賣場流量。徐課長每天在YouTube上提倡顧好曝光率、觸及率、說服力，無論是線上或實體賣場都可以賺到錢，或許就是因爲這些相似之處。

課堂上，徐課長教我們各個平台的演算法、做出個性化縮圖的方法，以及如何利用商品詳情頁提升商品價值。幸好我對關鍵字有些了解，也已經學會如何製作圖片，跟上進度不是難事。然而，其他人都說跟上進度遠比預期困難。

如今，我不再認爲賣自己想賣的商品就行。我知道必須找出消費者想要的商品和有競爭力的商品，才有辦法在競爭中取勝，而一切的答案都在數據裡。徐課長告訴我們，除了Naver datalab可以看到這些數據以外，還有一個叫做sellerlife的程式，它會依據Naver datalab上的數據，整理出酷澎和Gmarket的關鍵字（需求）數據，還說在推薦人欄位填上徐課長，就可以獲得折扣。

我們主要銷售domeme、domeggook、ownerclan、funn shopping、banana②

等批發商城的商品。必須先成立公司，才能夠加入批發商城，銷售批發商上架的商品。收到訂單時，只要向商城的批發商下單，他們就會寄送商品給消費者，無須管理庫存，是個不錯的機制。這便是代銷的流程。

剛起步時，可以利用sellerlife尋找適合自己的領域。舉例來說，如果想賣金屬滅火器，先在購物商城搜尋關鍵字，檢視首頁競爭者的商品與銷量、商品詳情頁的完成度等，判斷這個領域適不適合加入。

徐課長說，開設實體中餐廳時，也適用這個邏輯。必須先找到適合進駐的商圈，觀察那裡有幾家中餐廳，各自提供什樣的服務，判斷在那裡開餐廳能否在競爭中取勝。因爲盲目創業，只會浪費時間與金錢。可是，我突然有了一個念頭：

「爲什麼不管是寫部落格或賣東西，都要先考慮競爭者，學習演算法，提高曝光率呢？我把文章寫好不就得了嗎？寫好文章不是最根本的嗎？賣個東西有必要學習演算法，摸清每個競爭者，看別人的臉色嗎？不能直接找有競爭力的商品來賣嗎？」

在我看來，我們學的這些並非銷售的本質。我決定問徐課長爲什麼要教大家這些偏方，隻字不提本質。當我向他提出疑問時，他如此回道：

「本質嗎？本質的確重要，可是，你能在短時間內寫出大眾喜歡的文章嗎？銷售便宜又有競爭力的商品，那是再好不過，但有哪個廠商願意提供新手便宜又有競爭力的商品呢？我如果是供應商，才不會把那些貨交給新手，留給懂得銷售的老手，不是能賣得更好嗎？」

他說的沒錯。我不可能在一夕之間變成暢銷作家，也沒有人脈能提供好商品給我，只好依照他的指示，按部就班地做。

此外，我問他在代銷開始賺錢以前，可不可以繼續寫部落格時，他跟我提到《成功，從聚焦一件事開始》這本書，叫我把所有注意力都放在代銷上。雖然我很捨不得放棄正在獲利的部落格，但我決定正面思考，將它視爲投資自己的機會成本。

① AUCTION.、11street 皆為韓國線上購物平台。

② domeme、domeggook、ownerclan、funn shopping、banana 皆為韓國線上批發商城。

# 創造價值後再賣掉

找到適合銷售的商品，在商品名稱中加入關鍵字，做出個性化縮圖，盡力把商品詳情頁寫得更有說服力以後，我將商品上架到各個公開市場。

過了一週左右，Gmarket 收到了首張訂單。一千四百元的隱密型貓窩，利潤大約是十二%，一百六十八元。與酷澎夥伴賺的八元相比，算是相當不錯，下單時間也早了許多。

徐課長說這個時機很重要。接到首張訂單後，如果沒有作爲，獲得新訂單的機率會變小。原因在於，商品沒有評價。我自己也不會買沒有評價的商品。在沒有任何評價的情況下，下單購買我商品的客人根本就是天使。因此，我必須盡全力獲得消費者的評價，即便要重新投入利潤。唯有這麼做，才能增加商品回購率，使商品持續暢銷。

我發訊息給客人，告訴他目前有回饋活動，如果他留下眞心評價，我就會贈送星巴克的咖啡提貨券。這是我課堂上學到的。不知道他是不是嫌麻煩，遲遲沒有回覆我。似乎是因爲缺乏評價，同一件商品不再有新訂單。不過我沒有放棄，持續尋找適合銷售的商品，上架到賣場。其他商品終於開始接到訂單，雖然一個月也只賣出了五件而已。

總銷售額是六千七百元，淨利約八百四十元。但其中一位客人寫了評價，所以我買了一張咖啡提貨券，淨利剩下七百二十元。

尋找商品的過程中，我發現有些在酷澎和 SmartStore 上架的商品，售價比我向批發商購買的價格還便宜，難怪我的商品賣不出去。這從一開始就是不可能贏的競爭。賣得比批發價便宜的人這麼多，我上架再多商品，也不可能賣掉啊？

我覺得不太合理，於是在 YouTube 搜尋代銷的缺點，果然有很多人討論過這件事。掛著〈絕對不要做代銷〉〈代銷的五大缺點〉〈代銷市場，極端的紅海〉這類標題的影片，內容說的都是代銷賺不到錢。我愈看愈覺得代銷的前途渺茫。憑部落格賣東西固然不簡單，但代銷看起來更困難。

「應該回去做外送嗎？」我的頭隱隱作痛。認眞想想，我經營線上副業約八個月，扣除上課的費用和各種雜支，所剩其實不多。如果這八個月好好做外送或代理駕駛，現在早就存一筆錢了……總感覺自己沒有一件事做得好，對未來的不安席捲而來。我的思緒愈來愈亂，工作的時間愈來愈少。

我久違地約了過去時常玩在一起的高中朋友。這九個月以來，除了徐課長，我幾乎沒有和其他朋友碰過面。先前忙著寫部落格，每次朋友約我喝酒，我都找藉口推遲。時隔多時，再度見到他們，內心禁不住雀躍。朋友們問我這段期間都在忙什麼，我照實回答他們，說自己忙著寫部落格和經營線上賣場。

「你寫部落格賺錢，還在酷澎賣東西？我們可以直接在那裡開商店喔？」

朋友們稱讚我很厲害，所以我開始跟他們解釋部落格的演算法，以及如何提高酷澎的曝光率，但他們一點都不感興趣。

「喂，你聽過 NewJeans 這次出的新歌了嗎？」

「喂，你知道那個事件嗎？」

朋友們開心地聊著最近的熱門消息，我完全插不上話題。他們看起來對未來一點都不擔心。眞奇怪，他們的經濟條件要不是跟我差不多，就是比我差，卻完全不提未來。見到朋友雖然開心，相處起來卻不再像以前那樣有趣。聊這些無關緊要的事情有什麼意義呢？不能說些有建設性的話題嗎？

與朋友分開後，我在回家路上撥了電話給徐課長。

「徐課長，你在做什麼？」

「嗯……我在家寫文章啊？」

「喂，你會不會活得太辛苦，人生難道只有工作嗎？賺錢是好事，但也不必活得這麼無趣吧？」

「咦？我覺得很有趣啊？」

「有趣在哪？」

「你想像一下出書爲我帶來的效益。我不但可以透過這本書，讓更多人得知副業的最新資訊，也可以獲得上節目的機會，對於打造個人品牌多有幫助啊。邊寫書邊想像這樣的未來，自然很有趣。這就是所謂的目標『視覺化』。《人生勝利聖經》或《非常識成功法則》這類自我啓發書都有提到，富翁們在追求成功時，往往會將目標『視覺化』。」

與徐課長對話時，我常常覺得自己在和一本書說話。這傢伙根本就是自我啓發書狂熱者。

「我今天跟朋友碰面了。不過，不管和他們聊什麼都覺得無趣。你覺得這是爲什麼？」

「因爲你的注意力都放在如何賺錢，大腦才會對其他話題沒有反應。你現在這麼想是正常的，一旦你開始追求工作與生活的平衡，就會再度感受到友誼的珍貴了。」

我趁著醉意告訴徐課長代銷比我想像中更難賺錢。東西賣得比我便宜的人比比皆是，而且網友們都說代銷已經是紅海，勸人不要再跟進。YouTube 上也有許多影片提到，在這個市場賺錢的，只有開班授課的人，眞正的賣家根本賺不到錢。

「金次長，錢要在紅海裡賺啊。你想想，假設原本有兩百億元的紅海市場，後來出現了兩千萬元的藍海市場，你現在要進入市場，你覺得占據〇．一％的紅海市場容易，還是占據五〇％的藍海市場容易？肯定是占據〇．一％的紅海市場比較容易吧。就算是藍海市場，依然有競爭者，擁有五〇％市場占有率不是普通的困難。再來看看利潤。占據〇．一％的紅海市場就有兩千萬元，占據五〇％的藍海市場卻只有一千萬元。很多人忙著找沒有競爭者的市場，結果一事無成。

「還有，你說YouTube上說沒有人靠代銷賺到錢嗎？仔細找找，肯定有的。做不到的人總愛找做不到的藉口，做得到的人卻會找做得到的原因。線上市場不斷在成長，在當中賺到錢的人也會一直出現。如果要賭的話，就要在紅海市場或逐步成長的地方下注才對。還有，你說價格太貴所以賣不掉嗎？不，絕對不是這樣。人們若覺得有價值，就會願意買單。這些內容在石原明的《教你絕對賺錢的漲價機制》（絶対儲かる「値上げ」のしくみ、教えます）中都有著墨。」

「可是，大家都能賣的批發網站商品有什麼價值？」

「嗯，你問得很好。因爲沒有價值，所以我們要創造價值後再賣掉。」

「創造價值後再賣掉？」

過了很長一段時間，我才完全理解徐課長說的「創造價值後再賣掉」是什麼意思。在我學會創造商品價值後，單月淨利超越了七十萬元。

# 為商品創造更多價值的方法

徐課長表示，每個銷售者都會努力提升自家商品或服務的價值，除非是不清楚狀況的自營業者。資本主義社會是競爭的社會，凡是能賺錢的，都有競爭者。想在競爭中倖存，就必須提升銷售商品或服務的價值。

就舉網咖爲例，如果社區開了一家網咖，而且生意很好，馬上會有人跟著開另一家網咖。這兩家網咖在宣傳時，通常會升級電腦規格，提升服務的價值。到網咖玩遊戲的人主要是爲了追求最好的電腦規格（核心價值），如果兩家網咖的電腦規格都是最好的，該怎麼拉攏客人上門呢？

這種時候，有些自營業者會降低價

格。降低價格是提高商品或服務價值最簡單的方法，但削價競爭的自營業者終究會完蛋。有些自營業者則會找尋其他方法，提高自身的價值。比如不降價，改以更高的時薪聘請漂亮的工讀生，迎合網咖男性客人的需求。假如網咖把兩百元的時薪調漲到三百六十元，請來漂亮的工讀生，即使收費再高，也會有人光顧。這就是在不改變核心價值、不降價的情況下，提高商品或服務價值的範例。

線上銷售也一樣。如果不提升商品的核心價值，就要利用其他價值說服消費者買單。既然如此，提升商品的核心價值，和找到其他價值說服消費者，哪一種比較容易呢？徐課長告訴我，找到其他價值說服消費者更容易。他的說法如下：

多數教人銷售的講師都說要追求商品的本質。舉例來說，消費者買筆記型電腦時，追求的核心價值是什麼？每個消費者都不一樣。有些消費者認爲筆記型電腦的核心價值是重量，所以偏好 LG Gram 這類輕便的筆電；有些人使用筆記型電腦是爲了打遊戲，所以比起方不方便攜帶，他們更看重電腦效能，追求的核心價值便是遊戲流暢度。

由此可見，以筆記型電腦賺錢的方法很簡單，如果你能推出比九百公克的Gram系列筆電更輕的五百公克筆電，至少可以賺兩億元。

再舉個例子，如果你開的餐廳能用同樣的價格，做出比白種元經營的連鎖餐廳「香港飯店0410」更好吃的餐點，在餐飲界成功的機率就很高。好好宣傳的話，甚至可以開連鎖店。

然而，提升商品或服務的核心價值談何容易。要提升商品或服務的價值，最好是自產自銷，或是銷售國內尚未引進的高核心價值產品，不過，這些方法需要龐大的資金，同時也有風險。有些領域不需要太多資金，只要透過創意便能提高核心價值，但像我們這樣的普通人，很難有那種創意。

那麼，剛開始從事銷售的我們，究竟該如何提升價值呢？方法就是進行所謂的行銷。我們必須讓產品看起來很有價值，接下來，就是向大眾宣傳。

該怎麼讓產品看起來很有價值呢？徐課長引用神田昌典的《賺錢的說話法則》（稼ぐ言葉の法則），告訴我他都怎麼做。

假設今天要在線上賣梨子，外觀好看的梨子都很難推銷了，何況是外觀難看的梨子。更麻煩的是，線上銷售的東西也不能提供試吃。這種時候，該如何提升梨子的價值呢？如果消費者在看到梨子的照片之前，先看到以下這段話呢？

**我們的梨子很醜。人人都喜歡好看的梨子，只想買好看的梨子，但我們為什麼不賣那樣的梨子呢？因為好看的梨子，甜度比較低。**

接著加上科學證據：

**送禮用的梨子經過改良，色澤均勻好看，味道卻有可能受到影響。我們栽培梨子時，比起梨子好不好看，更重視它的味道是不是最好的。**

簡單的幾句話，便提高了外表難看的梨子的價值。我們的目的是要賣掉商品。儘管商品無法改變，但它的價值會隨著你的說法而改變。

讓我們更進一步，把梨子賣得更好吧！梨子是嗜好性食品，想吃就吃，不吃也無所謂。那麼，該怎麼做，才能讓人們覺得一定要吃它呢？神田昌典在《賺錢的說話法則》提到促使他人付諸行動的兩個條件：

**1 想逃避痛苦。**

**2 想獲得快樂。**

想要提高銷量，向「想逃避痛苦」的人推銷相對有效。「梨子」和「痛苦」看似毫不相干，但深入研究的話，便能找到這兩者之間的關聯。經過研究，發現梨子的功效之一是對支氣管有幫助，不妨就針對支氣管不好的人做推銷，將目標受眾縮小到因氣喘、支氣管炎而受苦的族群，試著建立契合他們需求的商品詳情頁。

比方說：

您有支氣管炎嗎？各位都知道梨子對支氣管有幫助，但您知道有一種梨子對支氣管炎特別有幫助嗎？正是外觀難看的梨子。好看的梨子雖然適合送禮，卻爲了追求外觀，進行基因改造。而難看的梨子在栽種過程中，追求的只有它的味道和功效。

罹患相關疾病的人會動員所有方法來緩解自己的痛苦。只要多讓他們看到商品文案，他們就會覺得梨子不再可有可無，而是非買不可的食品。

縮小目標受眾，建立符合他們需求的商品詳情頁，這樣購買的人會不會太少？如果是實體賣場，做這樣的招牌，寫這樣的內容，的確會受到限制。不過，我們是在網路上賣東西，可以同時開好幾個賣場，依照受眾建立契合的商品詳情頁。

行銷做得好的話，就算拿不出最好的商品，也能順利賣出。換句話說，商品的核心價值固然重要，但就算商品欠缺出眾的核心價值，還是有可能大賣。

有個人證明了這點，那就是《不要賣，讓他們買》（팔지 마라 사게 하라）的作者張文正，他同時也是「電視購物最高營業額」的金氏世界紀錄保持人，一小時賣出三億元。

假設你是電視購物主持人，有辦法只挑高核心價值的商品來賣嗎？這麼做馬上會被開除吧。電視購物主持人不能挑商品，無論拿到怎樣的商品，都必須設法賣掉。張文正之所以能創下金氏世界紀錄級的營業額，正是因為任何商品到了他手中，都會變得更有價值，進而順利成交。

為了順利成交，我們必須學會行銷，應用在我們銷售的商品。對於銷售新手來說，這是不降價、保持獲利的良策。

徐課長建議我選擇與銷售有關的副業，便是基於這個原因。他的論點是，從事與銷售有關的副業，勢必會開始思考上述這些事情，逐漸熟悉行銷概念。等到學會將行銷應用在現實中，自然就會擁有懂得銷售的大腦。

「我不過是想做副業賺更多錢，有必要連數位世界的邏輯和行銷都學嗎？難道沒有不用傷腦筋就能賺錢的方法嗎？啊……要不要直接買樂透就好……」

我的思緒已經夠亂了，徐課長還叫我去看《影響力》《現金廣告》《再貴也能賣到翻！》《影響他人購買、投票與決策的 6 大成功關鍵》《不要賣，讓他們買》等行銷書。不僅如此，他還說，只要我看完其中一本，下次就教我可以直接應用在線上銷售的精髓。

# 何謂廣告？

如果行銷是爲了讓既有的商品或服務看起來更有價值，廣告爲的就是讓這件事廣爲人知。

——徐課長

我從來沒做過廣告，這件事光是用想的就很難。爲什麼人類總是害怕新事物呢？據說這是因爲學習新事物需要思考，但人類討厭思考。天才發明家愛迪生曾經說過：「如果可以的話，人類會用盡手段和方法逃避思考這種勞動。」連創意鬼才都這麼說了，身爲一般人的我討厭思考也是情有可原。

正如《關於大腦的七又二分之一堂

課》中的前二分之一堂課所述，大腦的存在與進化不是爲了思考，而是爲了生存。因此，當我們爲了思考而消耗能量時，大腦就會阻止我們這麼做，因爲生存需要能量。

然而，了解廣告的本質之後，我發現這件事並沒有我想像中的困難。對於銷售者來說，現在的線上廣告不但方便使用，也有許多免費課程，在各平台投放廣告日漸容易。爲什麼平台要費盡心思降低投放廣告的難度呢？因爲那是平台賺錢的手段。酷澎、SmartStore、11street、AUCTION.、Gmarket 等平台協助銷售者賣出商品，然後收取交易手續費。交易手續費固然是很大的收入來源，但廣告費亦不容小覷。

試想一下，平台使用的機制是讓銷售者在平台上互相競價，在消費者點入廣告時向銷售者收費。目前競爭激烈的類別，開價是單次兩百四十元，等於消費者點一次廣告，銷售者就要付兩百四十元。平台僅需以程式改變排名，銷售者就會自行競爭、抬高廣告費，完全是穩賺的生意。而且商品成交後，還能收取交易手續費。依我來看，如果眞的有能力，建立平台是最好的賺錢方式。

現實使然，爲了使銷售者更常使用廣告，業界持續推出各種新功能，像是ＡＩ自動生成廣告。公開市場平台則爲了不會做廣告的銷售者，引進廣告代理商。成爲賣家時，至少會接到一次免費廣告的通知，那不是詐騙。平台將銷售者支付的一〇至一五%廣告費撥給廣告代理商，讓他們提供這樣的服務。部分惡質的廣告代理商會濫用該制度，在商品賣不動的情況下，慫恿銷售者花更多錢打廣告。因爲銷售者在廣告上花愈多錢，他們愈賺錢。如果不想被惡質的廣告代理商利用，最好在委託之前先做點功課。

說到底，廣告是「銷售」中不可或缺的一環。有時候，就算我的商品很有說服力，也不一定能在大眾面前曝光。在競爭比較激烈的地方，其他競爭者的曝光度早已大幅領先，我的商品肯定難有曝光機會。缺乏曝光，商品就賣不出去，這種時候就不得不花錢打廣告。想要有效利用廣告，最重要的是先讓商品看起來很有價值，否則只是平白浪費廣告預算，把好處全給了平台。

第一次打廣告時，通常會像我一樣，選擇關鍵字廣告。所謂的關鍵字廣告，就是選定自己想要的關鍵字，加強它的曝光度。若想提高關鍵字廣告的效益，一定要做好關鍵字的篩選。酷澎有一種優化營業額廣告，做法是讓ＡＩ自動學習，將你的商品和吸引大眾目光的關鍵字同時曝光。可是，把一切交給ＡＩ處理是不可取的，我們自己也要定期確認廣告分析報告，剔除那些消費者只看不買單的關鍵字。擅長做廣告，表示懂得如何利用廣告達到效益。

眞正的專家會利用廣告分析程式，讓廣告發揮更好的效益。若想了解更多內容，也可以在 YouTube 上搜尋，上面有各家賣場廣告的說明影片。

# 以原價的三倍銷售，算欺騙消費者嗎？

我在自己銷售的商品中，選了十個有評價，但排名下滑、已經賣不動的商品做廣告。由於先前從未做過宣傳，因此效果相當顯著。曝光度和流量增加後，訂單也跟著增加，不過最終淨利是赤字，因爲支付的廣告費多過獲得的利潤。

我按照所學，確認廣告分析報告書，剔除消費者只看不買的關鍵字，重新投放廣告。一週後，虧損大幅下降，卻依然是赤字。我開始考慮停止廣告，放棄銷售這些商品。按照徐課長的說法，這種時候應該加強商品詳情頁的說服力，但我認爲自己已經在商品詳情頁盡了全力，沒有修改的空間了。

想了又想，我還是想不到辦法，最後發瘋似的調高了價格。我的想法很單純，假如賺的錢變多了，利潤應該就會超越廣告費吧？我的商品價格雖然不比競爭者低，但也不算貴，而且商品詳情頁在一眾競爭者中看起來是最好的，我抱著姑且一試的想法放手一搏。我擔心賣太貴會沒人買，只調高了一〇%左右。這十個商品中，有三個在漲價一〇%後仍收到了訂單。我停止其他七個商品的廣告，同時將有訂單的三個商品價格再度調高了一點。

這次剩下一個商品有訂單——復古床頭櫃，而且再度調漲後，依舊有銷量。原本一千四百元的商品，最終定價是四千兩百元。由於價格定得很高，就算銷量下降，扣除廣告費，賣出一個仍可以賺一千兩百元。一直賣出床頭櫃，使我對消費者感到很抱歉。沒有品牌的中國製商品，從一千四百元賣到四千兩百元，真的沒關係嗎？我擔心自己賣得太貴，所以詢問了徐課長如何看待這類暴利。

「暴利嗎……我之前也有同樣的想法。我曾經以四萬八千元的價格賣掉兩張兩萬四千元的床墊，但運費只付了一次，所以賺了兩萬四千元，當時我也懷疑過自己。除此之外，我還賣過一種會滾來滾去的貓咪玩具，因爲沒有競爭對手，我就把價格從一百二十調到一千兩百元。後來，有人開始賣這個東西，標價是一千元。我怕被買家罵，各自退還他們兩百元。然而重要的是，消費者願意買單，並且感到滿意。

「線上銷售有趣的地方在於，消費者購買的當下看不到商品，必須看著商品詳情頁的文字和圖片選購、結帳，接著才會收到東西。因此，只要讓商品看起來很有價值，再貴也會有人買單。消費者收到商品後，如果覺得商品價值不如自己支付的金額，不是退貨，就是留下負評，我自然不會再以同樣的價格繼續銷售。所以說啊，唯一的方法就是先賣看看，因爲每個人心目中的商品價值都不一樣。決定價格的不是我們，而是消費者。」

# 學過的東西成了營業額

我因爲日夜工作而筋疲力盡，偏偏老闆又在週一的全員會議上對業務部大吼大叫，說公司的營業額走下坡，都是我們的錯。全員會議結束後，業務部進行內部會議，經理要求我們每個人都要提出改善方案。

「想要賺更多錢，就自己想辦法啊。居然把責任推給我們。」

當我決定對經理的話充耳不聞時，突然靈光一閃，想起先前上課學到的內容，我有了一個點子：

**我們公司是腳踏車獨家代理公司。業務是進口、銷售腳踏車。**

公司旗下的腳踏車門市（零售商）負責銷售腳踏車。

且慢！

想要增加公司的營業額，零售商必須多叫貨才行。

想要零售商多叫貨，門市必須賣得好才行。

想要門市賣得好，必須提升來客數和商品曝光度，也就是要進行線上宣傳才行。

線上宣傳？線上宣傳的主力工具，不正是部落格？

協助門市店長經營部落格不就行了嗎？

公司旗下的門市當中，年紀較輕的店長都知道怎麼寫部落格，但大部分的店長已經上了年紀，連數位憑證也要我幫忙安裝，更別提寫部落格了。在這種情況下，如果教業務部經營部落格的方法，讓他們協助各門市架設部落格，同時教原本就會寫部落格的人如何提高曝光度，我們的營業額應該會增加吧！天啊！我一定是天才。

我在公司寫好企畫書，上呈給經理。可惜的是，我的提案還沒到老闆手中，就被否決了。我決定先鼓勵自己底下的門市店長架設部落格。假如門市店長眞的不會經營部落格，我就叫他們請姪子、外甥或小孩幫忙。起初，有些店長們認爲這是浪費時間，不願意配合。我列出經營部落格後賺錢的門市清單，說服了他們。各門市紛紛開始經營部落格，介紹自己的店面和商品。接著，我委託徐課長開的廣告代理公司讓各門市在 Naver Place① 大幅曝光。我當然有付費，不過幾乎是成本價。

你問我成果如何？好得不可思議。現在的消費者不管買什麼都會先上網搜尋，原來沒有做線上宣傳的門市，透過部落格和 Naver Place 曝光後，營業額在短短一、兩週內爆炸性成長。店長們親眼目睹部落格點閱數和 Naver Place 的影響力後，更加努力提高能見度和排名了。

自從底下的門市開始經營部落格後，我不曾失去業務部業績成長榜首的寶座。老闆私下幫我加薪，還說這樣的調薪幅度史無前例。董事也約我一對一面談，吩咐我千萬不能告訴其他人。

那天晚上，我興奮到睡不著。廣義上來看，我的小規模代銷副業，與這個資本額五億元的公司，有著相同的經營模式。我經營的代銷，是將別人的商品曝光在消費者面前，透過行銷，提升商品的價值，進行銷售賺錢。我們公司雖然賣的是自己的商品，但同樣必須透過實體門市，將商品曝光在消費者面前，才能銷售賺錢。最重要的是曝光，其次則是透過行銷，提升商品的價值。

這段期間學過的東西彷彿連成一線，我打了一個冷顫。賈伯斯說的「生活的點點滴滴都會串在一起」，就是這麼回事嗎？這段經歷成了我銷售生涯中數一數二的寶貴經驗。

①提供使用者透過 Naver map 搜尋、確認商店或公司詳細資訊的服務。

# 經營線上副業一年，月收入超過上班八年

徐課長教我許多可以直接應用的商品增值策略，比如將同類的商品綑綁販售，避免單賣一種商品。假設我賣帳篷，可以附上贈品，抬高價格，或是銷售新手露營懶人包這類的套裝組合。其中對我最有益的，當屬加強商品詳情頁說服力的各種方法了。

提高說服力的方法如下：運用《影響力》中提到的社會證明法則，在商品詳情頁加上消費者的使用心得；運用《現金廣告》中提到的消費心理學理論，宣傳自家商品與競品的比較結果；運用神田昌典在《賺錢的說話法則》中談及的大膽保證法則，保證百分之百可以退貨。

此外，《影響力》還提到如何利用稀缺性，以期間限定的方式吸引消費者購買，以及利用論文、名著、專家權威來提高說服力。其中最特別的方法，就是將商品詳情頁寫得愈長愈好。以行銷術語來說，就是運用「捷思法」來提高說服力。利用大眾討厭思考的本能，刻意列出一堆其實並不特別的功能，將商品詳情頁寫得又多又長，光憑這樣就能提高商品價值，是不是很驚人？難怪那些暢銷商品的商品詳情頁都那麼冗長。商品從頭到尾不曾改變，但巧妙運用消費者的心理，就能提高說服力。

藉由這些可以直接應用的策略，我建立了一個商品詳情頁的格式，每次上架新商品都以它爲範本。賣出商品時，我會發訊息請客人留評價。

我曾經銷售兒童相機，買下這個商品的客人，在我發訊息請他留評價前，已經先上傳五張照片，留下詳細評價。獲得評價當天，我立刻收到三張訂單，後來也創下一天十二張訂單的紀錄。每次收到客人的心得時，我都會更新商品詳情頁。收到退貨時，我則會重新拍攝商品影片和照片，加強商品詳情頁的說服力。

商品大賣後，我忙到人仰馬翻。弄錯訂單時，必須重新寄出正確商品；客人急需商品時，也會先以之前客人單純因爲變心而退貨的商品應急，親自送件。面對源源不絕的訂單，我無暇顧及其他事情。我一直在處理訂單，等到回過神來，月營業額已經達到五十八萬元。銷量大增以後，我按照課堂上學到的內容，聯繫供應商，取得額外的一〇%折扣，一次進貨二十件，存放在第三方物流（收取一定手續費，協助倉管、送貨的廠商）。那個月的淨利是九萬兩千元，多過我在中小企業上班八年的月薪八萬四千元。

這是我經營線上副業一年後實現的壯舉。

# 書變得有趣了

徐課長推薦我看《大腦視角》（*Brain View*）這本書，書中解釋了鉛筆和眼線筆生產成本相近，價格卻相差十倍以上的原因。眼線筆之所以比較貴，是因爲它與人類的性欲有關。據說，女性眼下的肌膚會在排卵期變黑。如果使用眼線筆，就算不是排卵期，也會呈現出一樣的狀態，對男性更有吸引力。鉛筆只是日常用品，眼線筆卻與欲望密切相關，價格自然相差十倍以上。

由於主題十分有趣，我努力記住書上寫的一切。在批發商城尋找商品時，我看見一個設計精美的便攜式老人馬桶座，想起了書裡提到的內容：

「如果我把老人馬桶座，轉化成感性的露營馬桶座，不就可以提高價格了嗎？」

露營用品賣的是感性，只要設計好看，就可以賣到不錯的價格。我將露營椅的概念套用在五百五十元的便攜式馬桶座上，建立新的商品詳情頁，以一千八百元的定價銷售。在露營風潮的帶動下，我總共賣出一百五十個便攜式馬桶座。

從此，我開始自發性地閱讀。舉凡徐課長推薦的書、著名的行銷書，我全都買回家看。這些行銷工具書以行爲經濟學和消費心理學爲基礎，寫出如何應用人類的潛意識與情感賣東西。我獲得許多啓發，沉浸在銷售實戰的樂趣中。我好像明白富翁們爲什麼喜歡閱讀了。閱讀行銷書使我對人類愈來愈好奇，甚至開始涉獵腦科學與人文科學書。

# 我該聘請員工嗎？

我成立了公司，經營線上賣場。我任職的公司雖然規定員工不得兼職，但中小企業其實也沒管那麼嚴。徐課長還在公司上班時，曾被公司抓到他在做YouTube，不過沒出什麼問題，也沒人知道他成立公司、販售商品。老實說，我一開始就應該聽他的話，直接成立公司，可是當時總覺得需要找些藉口，不想完全照做。

正式經營賣場後，我的營業額蒸蒸日上，已經接近七十萬元，但遲遲無法超過這個數字。持續開發新商品，在賣場上架的話，營業額應該會更高。然而，我每天結束公司的工作，回家處理完客服問題和訂單後，常常就沒有時間做別的事了。這樣似乎有點可惜，於是我又問了徐課長：

「徐課長！我的營業額停止成長了，時間實在不夠用……怎麼辦？我該聘請員工嗎？」

「不能聘請員工。聘請員工牽涉到勞健保，公司馬上會發現你兼差。」

「那要怎麼辦？」

「你不能拜託你老婆嗎？」

「好像行不通……」

「那就外包吧。」

「外包？」

「嗯，只有你會做的你自己做，其他的就到 kmong 這類接案網站上找外包廠商。舉例來說，你負責開發新商品、寫文案，外包廠商負責製作商品詳情頁。訂單處理最好拜託老婆，如果老婆不行，就試試看拜託她的朋友，或是在找副業的家庭主婦。這件事不難，可以在家邊照顧小孩邊做，肯定會有合適的人選。」

儘管我急需幫手，卻捨不得花我的血汗錢。我一再拖延找人幫忙的事，每天愈來愈晚睡，終究闖了禍。我在開車上班途中打瞌睡，追撞前方車輛。我終於明白，業務外包這件事對於提高營業額來說，不是一種選擇，而是必須。我按照徐課長教我的方式，將製作商品詳情頁的工作外包出去，然後詢問熟識的晚輩能不能幫忙處理訂單。對方說自己剛好需要副業，便爽快地答應了。

如今，我需要做的只有商品企畫和客服，其他的都交給別人。九萬六千元的淨利中，大約有三萬六千元成了外包支出。其實，我最想外包的是客服，但徐課長說客服工作事關重大，愈晚外包愈好。雖然業務外包讓我的收益變少，但我的時間變多了，總算不用再熬夜。

當我看見外包廠商製作的商品詳情頁時，我好想對之前的買家們行禮致謝。專家做的果然不一樣，和我之前用模板做的，完全是天壤之別。

# 向戴爾．卡內基學習如何做好客服

很多人都說做客服很困難，我也不例外。犯錯的明明是客人，卻要求我退款和補償，這類對話往往讓人很難受。我在徐課長借我的戴爾．卡內基著作《人性的弱點》中，找到了可以應用在這種時候的故事。

故事中，有個名叫雙槍克勞利的殺人凶手，他槍殺無辜者，甚至連警察都毫不猶豫地殺掉。後來，他被逮捕、判處電椅死刑，卻始終不承認自己犯了錯。就算是殺人凶手也不會承認過錯，遑論是客人呢？我打從一開始就不應該有所期待。的確，有些人會坦承過錯，但寥寥可數。我做客服時，最常犯的錯誤就在於我想要以邏輯說服他們承認過錯。然而，大多數時候這麼做只會讓他們更生氣，平白浪費我的體力。

在指出客人錯誤前，必須先獲得對方的好感。戴爾・卡內基在《人性的弱點》中告訴我們，可以立即獲得好感的做法，就是傾聽客人的需求。相較於對他們多說什麼，不如先認眞傾聽，表現出想要盡力配合的樣子。這麼一來，即便你沒有拿出客人想要的補償，他們也會坦然接受。當然，有的客人不管你說什麼、做什麼，都不會輕易接受。碰到這種人，直接退款給他就好。不但樂得輕鬆，對營業額也有實質幫助。

做實體生意時，如果因爲退款問題和客人吵架，一旦送走客人，吐個口水就沒事了。可是，數位世界不會到此爲止，客人的評價無論好壞都會留下來。即便你用法律戰勝客人，不讓他退貨、退款，他也會留下惡評。惡評對於未來業績的負面影響極大，因此，與其和客人吵架，不如直接讓他退貨、退款，反而對業績更有幫助。

第三章

# 人生在世，至少當一次「銷售者」吧

# 如何輕鬆銷售國內沒有的商品

自從外包部分工作以後，我有了更多時間專心做商品企畫。儘管我已經找到好貨源，卻僅限於國內批發商城，商品的選擇不多。因此，徐課長推薦我向國外採購。原因在於，進口到韓國的商品有限，中國網站上的貨源更多。再者，在韓國，以海外直購的方式銷售商品，如果價格低於一百五十美元，得免徵關稅，電子商品也不需要KC認證①。

他還說，只要到淘寶、全球速賣通、1688②等網站，就可以找到我想要的商品。我瀏覽了這些中國網站，發現國內批發商城的貨源完全望塵莫及。哇！這是天堂吧！很多商品也比國內批發商城便宜。

之所以如此，是因爲國內批發商城多半從中國進口商品。正式進口時，須繳交一八%左右的關稅。在批發商城上架，則有三至五%的手續費。除此之外，批發廠商也會抽成二〇至三〇%。當我們將商品賣給消費者時，又會再抽成一次。因此，國內批發商城的價格，勢必高於中國廠商直接賣給消費者的價格。不過，偶爾也有國內批發商城比較便宜的時候。

我感覺腳上的枷鎖終於解開了。我問徐課長，同一家公司能不能同時販售國內商品和海外直購商品。他告訴我，不是不行，但每個國家的假日不一樣，未來很難刊登公告，最好再開一家公司，各別販售國內商品和海外商品。加上國內商品和海外商品的稅金計算方式不同，分兩家公司，也方便計算稅額。

在國內批發商城發現不錯的商品時，我就在代銷賣場上架銷售；當國內批發商城沒有合適的商品時，我就往海外尋找貨源，以海外直購的方式銷售商品。兩者都沒有庫存問題。不過，海外直購的利潤雖然高，卻有個缺點，那就是退貨程序比國內代銷複雜許多。

① Korea Certification。韓國法律規定，流通或銷售特定類型產品時，需強制執行KC認證。主要以生活用品、電器商品、兒童用品為對象。

① 淘寶、全球速賣通、1688皆是阿里巴巴集團旗下企業。

# 賺錢後的種種改變（Ⅰ）

經營副業一年兩個月後，扣除外包支出、人力成本、廣告費用，淨利大約十四萬元，主力商品則有三個。

剛踏進這個行業時，由於賣場結算較慢，我又需要持續付貨款，致使資金全被套住，帳戶餘額總是不足，根本沒有賺錢的感覺。一段時間過去，好不容易開始累積存款。現在，我們家的單月收入——我的薪水與副業收益，加上老婆的薪水——超過三十萬元。

賺錢後，最大的改變就是我的零用錢額度了。我的零用錢從七千元提高到一萬兩千元，老婆的零用錢當然也提高了。我現在一週可以吃兩到三次兩百元以上的午餐，不再像以前那樣，要是多花點錢吃好的，之後就得從物流倉庫找泡麵充饑。

另一個改變是，我開始給小舅子零用錢。老婆的四個兄弟姊妹當中，經濟狀況最不好的就是小舅子。但他很認眞讀書，考上SKY①其中一所大學，然而，因爲得自行負擔學貸和生活費，他說自己每天都在煩惱錢的事，聽了都覺得心疼。我上大學時從來不曾煩惱錢的事，這當然要感謝任職於建設公司的父親。於是，我向老婆提議，每個月給小舅子一萬兩千元生活費，老婆對此非常感激。

岳母是天主教徒，我決定送她去西班牙朝聖之路，因爲這是她畢生的夢想。這趟旅程約莫要十二萬元。老婆表示反對，她生氣地說，好不容易存下來的錢，不應該隨便亂花。但我想，岳母年事已高，再不去，恐怕就沒機會，所以還是幫岳母報名。後來，我成了備受寵愛的女婿。

我的職場生活也有了變化。靠自己賺錢以後，我變得有自信。以前的我，成天擔心被公司開除，過得惴惴不安，如今卻不再顧忌。我開始對自己的想法有信心，也從工作中感受到了樂趣。這難道就是所謂的財務自信嗎？

在那之後，我又向老闆提出幾個提高營業額的點子，再度創下前所未有的調薪幅度。

①韓國首爾大學、高麗大學、延世大學三所著名大學的簡稱。

# 孩子是父母的鏡子

「訂單來囉！」

我在家工作的時候，刻意設定了提醒音效，只要賣場有新訂單，它就會大喊：「訂單來囉！」每次聽到這句話，我的疲勞就會跟著消散。

某天，提醒音效響起時，女兒一邊高喊：「我們賺錢了！」一邊跑向我。我抱起她，問她怎麼知道賺錢了，她回答我，有訂單就會賺錢。

商人家裡出商人，醫生家裡出醫生。我在賣東西，我的小孩自然會受到影響。此刻我才發現，父母的角色有多麼重要。我的父母都是認真的上班族，從小就教我必須到好公司上班，囑咐我借貸很危險，絕對不可以過欠債的人生。他們努力生活數十年，買了一棟房子，沒有任何貸款。他們從不在我面前討論金錢，但我不想這樣教女兒。

我希望我的女兒及早擁有金錢概念，和我一樣感受到靠自己賺錢帶來的自信。現代的父母早就知道讀書不是唯一的選擇，卻不知道該讓小孩做什麼。我以前也一樣，不知道該讓女兒學習目前最熱門的程式設計還是中文。可是，我現在發現那些都不是最重要的，我應該教她的是如何銷售。

學會程式設計可以做什麼？擅長寫程式，可以到ＩＴ產業上班。不過，懂得銷售的話，就能聘請擅長寫程式的人設計軟體，進行銷售。學中文可以做什麼？到需要中文人才的公司上班嗎？懂得銷售的話，就能到中國賣東西。

然而，我們的教育系統只教我們如何賣勞動力，不教我們如何賣東西。我大學輔修經營管理，卻連一次廣告都沒做過，也沒有賣過任何東西。那該由誰來教？只好由父母來教，不然就要像《富爸爸窮爸爸》寫的那樣，找有錢的朋友爸爸來教了。

時代改變的速度，快得讓我們跟不上，所以，我們必須把注意力放在不會改變的事物上。必須銷售某樣東西，是這個世界永遠不變的道理。我希望自己多學習、成長，教會我的小孩這個道理。這樣一來，她長大以後就不必為生計而煩惱了吧？

# 決定辭職了

儘管調薪幅度驚人，我的心情卻不是很好。如果把上班的時間全部拿來經營賣場，應該可以做得更好，但目前的淨利表現，似乎還無法承擔辭職的風險。

我小心翼翼地和老婆提起離職的想法，沒想到她居然表示贊成。老婆說她也在上班賺錢，我可以試著追逐自己的夢想。看來，這段日子創下的成果與認真工作的樣子，讓她對我產生信賴。

出現辭職的念頭後，我愈來愈無心工作。我向幾個好朋友徵詢意見，幾乎所有人都覺得創業的不確定性高，像現在這樣身兼二職比較恰當。

我決定找徐課長聊聊，他離職前肯定

也有過這樣的煩惱。我向徐課長說明我的煩惱，他如此回答：

「我離職前確實問過很多人。有趣的是，當我詢問上班族朋友時，他們都勸我不要離職；而當我詢問之前任職的補習班老闆和經營食品流通業的前輩時，他們都叫我快點離開公司。如果你問創業成功的人，他們會說愈早有自己的事業愈好。如果你問曾經創業失敗或不曾創業的人，他們則會說不要經營事業比較好。」

徐課長不愧是自我啓發書產生器，他引用了《預見未來自我》向我說明：

「《預見未來自我》中提到，我們每天的行動，對於未來的自己來說，可能是一種負債，也可能是一種投資。假如我今天認眞運動，就是在投資我未來的健康。假如我今天看了一堆毫無意義的 YouTube 影片，就是在累積未來的負債。過去的行動造就了現在的我，現在的行動將造就未來的我。

「離開公司後，就得獨自闖蕩世界，會感到不安是理所當然，畢竟這是人類的天性。可是，就算現在的你不去承受這份不安，未來的你仍舊要承受同樣的不安。因爲不成爲老闆的話，我們遲早都要離開公司，不管是自願或非自願。我在做生意時，也經常感到迷惘與不安。這種時候，我都會問自己：假如感到迷惘不安的，不是三十多歲的我，而是五十多歲的我，會變成什麼樣子呢？等到我五十多歲，體力和自信想必下滑許多，還有辦法承受這一切嗎？

「我一直很感激自己能夠及早面對這些迷惘與不安。戴爾・卡內基在《人性的弱點》中指出，人類縱使向周遭的人徵詢意見，最終還是會按照自己的想法行動。就我看來，你雖然到處問人，但其實心裡早就有答案了。」

沒錯，我已經有辭職的打算。調薪不到一個月後，我遞出辭呈。老闆非常惱火，我也覺得自己是個壞人，他如此看重我，還幫我加薪，結果我竟然辭職，他生氣是情有可原。抱著愧疚的心情，我沒有用掉剩下的年假，交接結束後，還多上班了十五天。

後來，我寄給老闆一封很長的郵件，向他表示我的感激與抱歉，而他找了一天來共享辦公室替我加油。

# 營業額砍半

很多上班族離開待了很久的公司後，都會先去旅行，我卻對工作投入更多心力。因此，離職不到兩個月時，我就創下近百萬元的業績，淨利達到二十萬元。但接著，我就遇到了考驗。

某天，我和平時一樣，一早就到租金低廉的共享辦公室上班，卻發現業績只有前一天的十分之一。我立即確認發生了什麼事，結果是有人正在銷售我的主力商品，還賣得更便宜。只要我調降價格，他便跟著調降，價格戰就此爆發。

後來，我將價格維持在成本價，他卻繼續調降，我成了這場價格戰的輸家。那個月的營業額下滑到前月的一半，淨利也因此少了一半。我找徐課長訴苦，他不但沒有安慰我，還告訴我殘忍的事實：

「這是理所當然啊。」

「什麼？」

「你可以靠銷售批發賣場的東西賺錢，別人當然也可以。只要你賣得好，就會有人跟進，這種事情會不斷反覆上演。」

「那我該怎麼辦？」

「你必須做出差異化。如果別人學你，你就提供更多贈品，或是銷售不同顏色的商品……」

原本以爲徐課長會告訴我如何做獨家販售，他竟然說這是理所當然。說得一派輕鬆，想必是因爲這不關他的事，無關他的營業額，但這可是關乎我的人生耶。

我勉強打起精神，繼續開發新商品，好不容易提高營業額，不安感卻揮之不去，深怕哪天營業額又會再度下滑。此外，在共享辦公室孤軍奮戰，也讓我感到很痛苦。以前在公司上班時，遇到困難還可以找同事抱怨，現在只有我一個人了。最可怕的是，未來這種情況也不會有太大的改變。

凌晨一點，我發了很長的訊息給徐課長：

「多虧你的幫忙，我才得以成功發展副業，活出新的人生，我對此非常感激。不過，我最近發覺，獨自經營事業並不容易，我每天都在擔憂營業額會不會下滑。營業額不錯時，我擔憂好景不常；營業額下滑時，我擔憂未來難以翻身，甚至產生『是不是該回公司』的念頭。你應該也有過這種煩惱吧。我很好奇你是如何克服這種不安。抱歉這麼晚發訊息給你，希望你可以回覆我，謝謝。」

徐課長似乎還沒睡，馬上回傳訊息：

「我完全理解你的心情。每次遇到那些離職後發展得很好的人，我都會用玩笑話包裝我的眞心話，跟他們說，如果哪天我的事業完蛋了，一定要找我當他們的員工。我之所以能撐到五年後的今天，而且持續成長，是因為我懂得號召人群。」

「號召人群？」

「嗯……你必須把人號召到你的賣場，或者把喜歡你品牌商品的人聚集起來，這就是所謂的建立品牌。」

「建立品牌？你是說建立 Nike、Apple、三星那樣的品牌嗎？我做得到嗎？」

「當然。建立品牌乍聽之下很了不起，其實不過是在創造、號召喜歡你賣場或商品的人罷了。」

「爲什麼號召人群可以讓營業額穩定增加呢？」

「我就用 Apple 舉例吧。你身邊應該很多果粉（超級喜歡 Apple 的人）吧？」

「很多啊。」

「假設今天 Apple 突然生產電動車，上市開賣。Apple 從來沒生產過電動車，而且只接受網路預訂，不能試乘或確認車子外觀，你覺得車子的銷量會如何？」

「嗯……好像還是會不錯？」

「沒錯，因爲人們相信、喜歡 Apple 這個品牌。可是你呢？人們會記住你的賣場或商品嗎？應該很難吧？畢竟只要能賺錢的你都賣，賣場沒有特色，商品上也沒有令人印象深刻的商標，就只是一台在酷澎買的加濕機。即便你不斷上架性能更好的商品，對客人來說永遠只是一件新商品。而且，每次有新客人時，你也必須建立他們對你的信賴。

「但是，如果你試著把那些對你的商品或服務感到滿意的人聚集起來，告訴他們，有性能更好的商品上架，將舉辦老客戶感謝活動，特別提供二〇%的折扣，你覺得這些對你的商品或服務感到滿意的人會不會買單？肯定會吧。號召愈多這樣的人，你的新商品就會賣得愈好。這樣一來，你就不必如此擔心新商品賣不賣得出去，不確定性也會跟著減少。」

「好，我明白號召人群的重要性了。那我現在應該先建立賣場品牌，還是商品品牌呢？」

「你有存一點錢了吧？」

「沒有耶。」

「那就先建立賣場品牌吧。建立商品品牌的第一步是製作外箱，如果要在商品外箱印上專屬商標，必須滿足最小訂購量，那少說也要上百個，需要一點成本。不然的話，你也可以採用在外箱貼標籤的方式。但我最推薦的，還是先從沒有庫存風險的賣場品牌著手。」

「我要怎麼建立賣場品牌呢？」

「首要之務，當然就是創造別人喜歡你賣場的條件。」

「好難啊，要如何讓別人喜歡我的賣場？」

「哈哈哈哈！我要是知道所有的答案，早就成爲大富翁了。不過，可以給你一個提示。要創造別人喜歡你賣場的條件，最簡單的方法就是縮小目標買家和商品類別。比方說，你現在要架設一個專爲廚師打造的鹽賣場，除了國產的鹽以外，你還可以準備喜馬拉雅山岩鹽、智利沙漠湖鹽、知名品牌鹽等。廚師們時刻都在思考如何讓自己的料理與眾不同，搞不好會很喜歡這樣的賣場。這只是我隨口舉的例子，不是眞的叫你賣鹽。

「或者，你也可以這麼做。不是有人喜歡薄荷色嗎？你就開一個全部都是薄荷色系商品的賣場，薄荷色包包、薄荷色鞋子、薄荷色雨傘……喜歡薄荷色的人應該會很喜歡你的賣場吧？你好好想想。誰知道呢？說不定你的品牌會和MUSINSA①一樣，變得非常火紅。」

徐課長的話讓我想到了「常客」的概念。我是一家巷子酒館的常客，因爲店裡播放黑膠音樂，單單這一點便足以讓我愛上那家店，還會介紹朋友去捧場。我想，建立品牌與經營常客是一樣的道理。「號召喜歡我賣場的人……」我的主力商品多半與露營有關，不妨利用這點建立人們喜歡的露營賣場吧。

我的心情可能全都流露出來了，徐課長笑著補充：

「除了建立賣場品牌，我再教你一個不會失敗的品牌策略吧？」

儘管他看不見，我仍舊對著手機螢幕猛點頭。

---

① 韓國代表性的線上時尚平台，從分享流行資訊的社群，發展為綜合購物平台。

# 建立無人能敵的品牌

徐課長教我建立個人品牌，也就是號召喜歡我的人，他說這個方法不曾失敗過，而且YouTube平台目前的演算法正適合建立個人品牌。可是，這個方法有個很大的問題，那就是我再絞盡腦汁，都找不到別人喜歡我的理由。我既沒有出眾的外表，也不太會說話。

「別人好像沒有理由喜歡我，我怎麼號召人群呢？」

「以前的你或許沒有令人喜歡的條件，但現在的你不僅曾在中小企業上班期間從事各種副業，像是部落格、酷澎夥伴、體驗試用團，也曾藉由線上銷售獲得單月十四萬元以上的收益，還爲了追求美好的未來而辭掉工作，嘗試爲自己的賣場建立品牌。人們想知道的是，讓你賺進十四萬元的知識與經驗。你知道有多少人希望自己每個月多賺兩萬元嗎？你一邊賺錢一邊成長的過程擁有價值，明白那些價值的人終究會聚集在一起。這不是我個人的看法，而是《過程商機》這本書裡提到的內容。

「你知道防彈少年團爲什麼在全球愈來愈有人氣嗎？他們完成舞蹈和歌曲後，並沒有站在大眾面前。他們向粉絲分享自己成長的樣子，粉絲再將那些影片分享到網路上。防彈少年團之所以存在，是因爲他們分享了自我成長的過程。我還在公司上班時，就開始經營YouTube，持續向頻道觀眾分享自己成長的樣子。舉凡賣場得到首次訂單，不小心上架標示不清的兒童玩具被開單罰錢，或是違反傳播法規到警局報到的樣子，無一不與頻道觀眾分享。他們看著這些過程，逐漸對我產生信賴，開始喜歡我這個人，願意購買我的課程與服務方案。由於有人捧場，我才敢冒著風險投資新服務。我相信，只要我推出令消費者感到滿意的服務，喜歡我的人當中肯定有人會買單。

「除了這個優點以外，當我憑藉個人品牌愈來愈有號召力，我的價值也隨之水漲船高。這樣一來，我可以認識先前沒機會碰面的人，向他們學習更多經商技巧。所以說，想要獲得更多成長，絕對要在建立賣場品牌的同時，爲自己打造個人品牌。除非你以前是霸凌者或重罪犯。」

徐課長滔滔不絕地強調個人品牌的重要性。然而，儘管他說得有聲有色，依然不太吸引我，畢竟這是我從未做過的事。更何況，我不想在大眾面前露臉。我問他能不能用看不到臉的部落格建立個人品牌，徐課長卻告訴我YouTube有兩個比部落格更容易號召人群的優勢。

首先是YouTube的演算法。想要曝光部落格文章，對方得先搜尋特定關鍵字。簡單來說，我的文章標題或主題標籤必須和使用者搜尋的關鍵字一致，文章才有機會曝光。換言之，不知道特定關鍵字的人很可能看不到我的文章。但是YouTube的演算法不一樣，就算使用者沒有搜尋特定關鍵字，YouTube仍會推薦我的影片給對相關領域有興趣的人。我自己在看YouTube時，也常常因爲它精準的演算法感到震驚。

第二是經營YouTube，可以將曝光範圍擴大到部落格以外，觸及ＩＧ、

TikTok、YouTube Shorts 等平台。如果沒有腳本，很難拍好影片，因此必須先寫腳本。有了腳本，稍微加工，就能當作部落格文章使用。再來，將影片中的重點濃縮剪輯，上傳到 IG Reels、TikTok、YouTube Shorts，不但可以在各平台曝光，也可以吸引觀眾到 YouTube 看完整影片，形成循環。此外，開始經營 YouTube 後，勢必要學習影片剪輯，這對未來也有幫助。如果我想利用影片提升商品詳細頁面的說服力，這時剪輯能力便派得上用場。

徐課長這個人啊，我想，再過不久，說不定會跟我說呼吸對銷售也有幫助。

就這樣，我開始思考該如何建立賣場品牌和個人品牌。

# 單人露營賣場的誕生

奇妙的事發生了。

我想破腦袋，也想不出要用怎樣的風格建立賣場品牌，只好先看個YouTube，讓腦袋放鬆一下。我知道休息時看YouTube其實無法讓大腦休息，但我實在無法拒絕它的誘惑。YouTube首頁上出現了我愛看的《我獨自生活》，我習慣性地按下播放。正當我漫不經心看著影片時，忽然有了靈感。

「我獨自生活？露營？我獨自露營？我何不架設一個專為單人露營者打造的賣場呢？」我立刻到Naver datalab搜尋單人露營的市場需求，發現「單人露營」這個關鍵字每月搜尋量約一千次，相關的「女子單人露營」則有九百七十次。確實有需求。我又確認了YouTube，單人露營影片點閱數出乎意料地多，可見大眾對於單人露營有一定的關注。隨著一人家庭逐漸增加，我決定特別爲單人露營者打造一個專屬賣場。

我認爲，在酷澎、SmartStore、Gmarket、AUCTION. 這類綜合性電商平台號召人群不容易，於是以Cafe24①架設自有官網。架設自有官網的費用比想像中低，一萬五千元便綽綽有餘。徐課長先前到Cafe24演講時，結識了相關負責人，對方曾指點他如何以低廉的費用架設自有官網。

我製作了「單人露營」的商標，並翻遍國內批發商城，只爲找到單人露營商品。當國內批發商城找不到我要的商品時，就到海外批發網站尋覓，以各種單人露營商品塡滿我的賣場。不過，我的賣場一直沒有客人上門。不用問，我也知道原因是什麼：我的賣場缺乏知名度，自然沒有訪問者。

該怎麼吸引客人呢？我想透過部落格，利用「單人露營」這個關鍵字告訴別人賣場的存在。不過，我同時管理國內代銷賣場和海外直購賣場，實在無暇做這件事，所以決定招募體驗試用團。我在先前加入的體驗試用團社群和公開聊天室貼出公告，選出部落格等級較高的人幫忙寫體驗文。站在廣告主的立場，我過濾掉那些內容與露營無關，充滿雜七雜八廣告的部落客。我突然對自己的黑歷史心生慚愧：

「原來我以前就是因爲這樣，才當不成體驗試用團啊！早知道就架設好幾個部落格，做好分類了……」

當人感到後悔時，往往爲時已晚。

① Cafe24 是韓國電商系統服務供應商。

# 我不知道的世界

神奇的是，體驗試用團發表文章後，自有官網的訪問數有了起色，但效果並不顯著。我詢問徐課長有沒有吸引客人的好方法，他傳授給我一個名爲「水道作業」的策略。想種好田，就要設置良好的水道。

沒有資本的自營業者很難做出大企業或中堅企業等級的廣告，也不能那麼做。大企業爲了宣傳自己的品牌，不僅會花數十萬至數百萬元在電視或電視購物投放廣告，也會在公車站、地鐵站、Naver 首頁、Kakao Talk 首頁等所有看得見的地方努力曝光。不過，執行這種策略的前提是，品牌必須具備一定的知名度，才能達到行銷手法中的「重複曝光」效應。像我這種毫無名氣的品牌使用相同的策略，九九%會失敗。是以，我應該以最實惠的價格向對我的商品和服務感興趣的人投放廣告。

我首先要找的是，單人露營賣場受眾聚集的地方。我在 Naver Café 搜尋「單人露營」，尋找相關社群（表1）。

我查到一個標題是「女生一個人的旅行／女性旅行 Café No.1／同行／車宿／露營」的社群，成員有兩萬人左右。然而，這還不夠。我擴大範圍，重新以「露營」這個關鍵字進行搜尋（表2）。

竟然有這麼多人喜歡露營！徐課長教我混進 DC Inside 與 Naver BAND①的露營同好社群，自然地向喜歡露營的人們宣傳我的單人露營賣場，並建議我與獨自露營的 YouTuber、IG 網紅簽約，請他們幫忙替賣場打廣告，創造更大的效益。特別是在 YouTube 上，一旦網紅上傳影片，賣場廣告就會持續在頻道曝光，性價比相當高。

他也提醒我，高知名度的 YouTuber，拍一次影片的費用可能高達二十萬元以上，必須盡量找訂閱人數少、點閱次數高的新生代 YouTuber 合作比較好。這

## 表1　「單人露營」的相關社群

**〔女一旅〕女生一個人的旅行／女性旅行Café No.1／同行／車宿／露營**

女一旅，女生一個人的旅行，單身女性，國內，濟州，海外，旅伴，鄰居，同行，車宿，露營……

主題：旅行＞一般旅行　　成員人數：22,265

排名：果實四級　　最新貼文／全部貼文：61／64,991

---

**女單露　女生獨享的感性露營，車宿話題**

〔女單露〕單身女性or女性朋友的開心露營、車宿、感性露營用品資訊與生活……

主題：旅行＞一般旅行　　成員人數：593

排名：種子三級　　最新貼文／全部貼文：0／419

---

**一個人也很好的露營之旅**

一個人也很好的露營之旅

主題：旅行＞國內旅行　　成員人數：1

排名：種子一級　　最新貼文／全部貼文：0／1

---

**我獨自露營**

主題：旅行＞一般旅行　　成員人數：1

排名：種子一級　　最新貼文／全部貼文：0／4

---

**一個人研究的露營車**

研究露營車的Café

主題：體育休閒＞汽車　　成員人數：1

排名：種子一級　　最新貼文／全部貼文：0／1

---

**一個人旅行、獨食獨飲、小酌、全國旅行、燒酒聚會、露營、閃電聚會、未婚、獨旅**

旅行

主題：旅行＞國內旅行　　成員人數：20,013

排名：種子三級　　最新貼文／全部貼文：0／51,383

---

**一個人去露營**

當作別人不存在、不裝熟、不自以為是

主題：興趣＞一般興趣　　成員人數：2

排名：種子一級　　最新貼文／全部貼文：0／13

## 表2　「露營」的相關社群

**露營第一（新手露營）**

露營新手聚會～互相幫助，開心露營吧

主題：體育休閒＞體育其他　成員人數：1,053,954

排名：森林　最新貼文／全部貼文：842／1,965,271

---

**★露營與車宿（豪華露營場地、車宿露營用品、露營車）**

★露營車社群　露營與車宿〔車宿用品、露營用品、露營車、豪華露營場、豪華露營……

主題：體育休閒＞其他　成員人數：2,453,859

排名：森林　最新貼文／全部貼文：301／23,309,378

---

**超級露營市集（露營第一市集）**

露營裝備二手買賣no.1社群、露營第一團購與各種二手露營裝備交易……

主題：體育休閒＞其他　成員人數：1,268,945

排名：種子一級　最新貼文／全部貼文：1,492／3,633,227

---

**全國　自然休養林－休養林、露營、車宿**

網羅全國自然休養林、露營場、車宿地點情報的社群～^-^

主題：旅行＞國內旅行　成員人數：44,576

排名：樹木二級　最新貼文／全部貼文：40／116,285

---

**露營交流館**

光州／全羅南北道地區露營玩家的寶藏基地，我們是露營交流館

主題：旅行＞一般旅行　成員人數：18,450

排名：果實三級　最新貼文／全部貼文：58／85,031

---

**蔚山露營大小事（蔚露事）**

蔚山露營、蔚山露營場、露營蔚山、營地轉讓、蔚山露營車　登億、新佛山、太和淵、立火山……

主題：旅行＞國內旅行　成員人數：20,013

排名：種子三級　最新貼文／全部貼文：0／51,383

時，可以利用朱彥奎開發的 Viewtrap 程式。只要在 Viewtrap 搜尋「露營」，便可以輕鬆篩出訂閱人數少、但點閱次數高的 YouTube 頻道。

我充分理解水道作業策略的必要性，卻不能接受還沒賺錢就要付出血汗錢。截至目前爲止，我的盈利結構都是自己花時間與精力尋找代銷商品、製作商品詳細頁面，並沒有投入太多資金。我是這麼想的，每個月花三萬六千元左右，將製作商品詳情頁與處理訂單的工作外包，算是合理的金額，也是換取我寶貴時間的必要投資。可是，我現在竟然要爲了不知道結果好壞的品牌行銷，投資十萬元以上？我陷入了猶豫，因此，徐課長分享一個 YouTube 影片給我。

① DC Inside 是韓國知名論壇。Naver BAND 則是 Naver 集團開發的團體交流 App。

# 比31冰淇淋好上十倍

他分享的影片，主要是說明31冰淇淋的加盟成本。在連鎖加盟品牌中，31冰淇淋的人氣特別高。因爲冰淇淋保存期限長，產品成本相對較低。影片中的YouTuber以二十五坪店面爲基準，說他的基本加盟、裝潢等費用加總起來，成本大約是五百五十萬元，而期望報酬落在二十萬至二十五萬元左右。不過，底下的留言全都反駁了這個數字，還說一個月要賺十萬元都不容易。更重要的是，每五年必須翻修一次，又要追加兩百萬元的成本。

沒想到，加盟31冰淇淋，竟然要花兩年以上才能回本。那位YouTuber還提到，經營31冰淇淋最困難的其實是管理員工。

由於冰淇淋很硬，常常害員工的手腕受傷，所以離職率很高。眞是既好笑又悲傷啊。

我好像可以理解徐課長分享這個影片給我的原因。我目前獨自在共享辦公室工作，扣掉製作商品詳細頁面與處理訂單的外包支出，單月淨利有十四萬元左右。而我創業時，只花了十二萬元的補習費和一千兩百元的公司登記規費。相較於實體店面的創業成本，這些花費連風險都談不上。我究竟爲何無法爽快投資呢？因爲沒有信心。要是我有信心，想必能夠放心投資。該如何獲得信心呢？令人哭笑不得的是，獲得信心的唯一辦法，就是眞的投資看看。

我就這樣投資了十二萬元，爲我的單人露營賣場進行宣傳。花錢廣告後，自有官網流量隨之上升，訂單也開始出現，但淨利只有兩萬元，虧損達十萬元。我的第一次投資華麗地失敗了。

# 拯救失敗商品的品牌策略

我把這段期間發生的事全部拍成影片，上傳到YouTube。從開始經營副業，做代銷賺錢，到架設賣場、替賣場進行宣傳的過程，連四百萬赤字的故事，我也以〈自有官網完蛋了〉爲標題，在我的頻道分享。

我的影片一直沒什麼回響，但自從我說自己完蛋了以後，觀看人數逐漸上揚。神奇的是，一支影片紅了，其他影片也跟著受到關注。〈自有官網完蛋了〉這支影片達到五萬點閱數時，頻道訂閱人數超過了三千人，新影片的點閱數比起以往提升許多。要是我沒有經營YouTube頻道，失敗就只是失敗而已，但如今，失敗成了內容，似乎也不全然是失敗了。除此之外，網路上開始有人替我加油。

「副自男先生，這世界上沒有失敗。失敗不過是個經驗，它會讓下次挑戰變得更容易成功。」

「謝謝您分享如此眞實的影片，讓我思考了很多事呢。」

「我會一直爲您加油的，請繼續向前邁進吧。」

「副自男」是我的 YouTube 頻道名稱，意思是「以副業獲得自由的男人」。知道有人和我站在同一陣線後，回覆留言總令人特別興奮。不過，留言不一定都是正面的。

「副自男先生長得眞像北韓傀儡軍。」

「妄想開一家賣場，結果完蛋了。呵呵呵。」

「副自男？不就是乞丐嘛。」

惡意發言開始出現。如果只有一、兩次倒無所謂，但每次觀看人數上升，就會有人留下惡意發言，讓我很難不在意。徐課長的 YouTube 頻道，訂閱人數高達十一萬人，惡意發言會有多少呢？他都怎麼處理這種事情呢？於是，我打電話給徐課長。

徐課長對惡意發言似乎也有很多話想說。他喋喋不休地說了三十分鐘，從他打電話向留言者哭訴，到吩咐職員刪去所有惡意留言，全都跟我說了。他的結論是，最好把那些不像話的留言全部刪掉。我保留了對我的成長可能有助益的惡意發言，刪去那些帶有侮辱意味的批評。眼不見爲淨啊。

如果問我，擁有 YouTube 訂閱者最大的好處是什麼，我會說是不再覺得孤單。當我因爲工作感到疲憊、孤單時，我就打開直播，和訂閱者互動，一邊交流各種資訊，一邊幫彼此加油打氣，讓自己轉換心情。此外，訂閱人數超過一千人之後，我開始從 Google AdSense①獲得收益。

啊！說到 Google AdSense 收益，我突然想起自己在 Google AdSense 審核通過以後，已經將 Naver AdPost②和酷澎夥伴晾在旁邊很久了，應該看一下才對。原本以爲分潤會掛蛋，沒想到，過了八個月還是有收入，只是少了一點。

這就是人們說的被動收入嗎？什麼都沒做就有錢拿，心情眞好。

① Google 的廣告計畫，用戶可利用 YouTube 流量或部落格功能置入廣告，藉此分潤。

① 與 Google AdPost 同性質，Naver 用戶可在個人社群置入廣告，藉此分潤。

# 展開新副業，販售比紙本書貴五倍的電子書

YouTube 頻道訂閱人數超過五千人之後，我陸續收到一些有趣的郵件，其中有一封提到想向我學習代銷、代購。我心想，自己哪來的資格教別人，對此一笑置之，但類似的內容一再出現。同樣的郵件超過十封時，我向徐課長徵詢意見，他卻要我嘗試看看。

「徐課長，我一個月連二十萬元都賺不到，可是有人說要跟我學代銷、代購耶。」

「是喔？那當然要教啦。」

「我是能教誰啦？我還不夠格啊～至少也要賣場淨利超過二十萬元，才有資格教別人吧。」

「那我也沒資格開課耶？我第一次開班授課時，淨利也不到二十萬元……」

「咦？我不是這個意思……」

「那是誰規定的？依照這個邏輯，不就只有ＳＫＹ的學生可以開補習班？只有考上好大學的人才有資格教別人，地方大學畢業的人就沒有資格？任誰都可以賣商品和服務，差異只在於有沒有價值。如果你教的東西，可以讓別人每個月穩定賺進一萬元，那麼，你教的東西就有一萬元以上的價值。雖然別人要付一萬元的學費，但他學成以後，一年就能賺到十二萬元。你有價值，別人才會想跟你學。既然你已經透過YouTube證明自己的價值，就沒必要拒絕那些看了影片後想跟你學習的人。況且，你可以像以前一樣，如果客人不滿意，就讓他退款啊。這樣不就沒有問題了嗎？」

「你說的好像沒錯。不過開課的話，我似乎就沒辦法專心在銷售了。畢竟教學也需要花很多時間。」

「那就試著出版電子書吧？」

「電子書？」

「對呀。把你學過的知識整理成簡報，再以電子書的形式銷售就行了。不過，我建議，價格不要訂得太高，因爲電子書和實體課程不一樣，無法和學生直接溝通。你在公司做過簡報，這對你來說應該不難。再給你一個提示好了，你可以參考市面上那些暢銷電子書的目錄，把你自己的經驗與見解塡進同樣的框架。」

我按照徐課長的建議，寫了一本有關代銷和代購的電子書，售價是兩千四百九十九元，然後在我有八千人訂閱的 YouTube 頻道進行宣傳。當月，我賣掉了生平第一次出版的電子書，總共一百三十二本，賺了三十二萬九千八百六十八元。我告訴徐課長這個驚人的成果，他卻向我炫耀他的個人品牌前一年的淨利是四千六百萬元。

# 活用損失趨避心理

電子書獲利之後，我開始認眞打廣告。在我看來，現在建立品牌似乎操之過急，所以決定先從暢銷商品的水道作業策略著手。賣場營業額日漸上升。電子書也一樣，雖然熱度不如第一個月，但隨著YouTube訂閱人數持續增加，銷售量始終穩定。這些收入對我的新挑戰助益良多。

賣場營業額向上發展的同時，我愈來愈沒時間做YouTube，影片底下開始出現「什麼時候上傳新影片」的留言。我知道不能再這樣下去，必須找人幫忙企畫、剪輯影片了。

起初，我爲了降低風險，選擇找外包廠商。找了又找，終於找到一位幫忙企畫、剪輯影片的人，價格是一支影片七千元。我們的合作方式是他提供主題，我自己寫腳本、拍影片，他再幫忙剪輯影片。

然而，發生了一件意料之外的事。由於拍一支影片要花七千元，我無法再像以前那樣輕鬆拍片。我不斷修改腳本，影片拍了又刪、刪了又拍。明明外包是為了上傳更多影片，完成的影片卻愈來愈少。

後來，我在書上看到，人類有種行為叫做「損失趨避」。相同的數字，人類對於損失，遠比獲得更敏感。我因為受到損失趨避的影響，認定必須取得價值高於七千元的結果，才會一直設法提升影片的完成度。

我決定活用損失趨避心理，完成更多的影片。我的方法是聘請員工，按月給付固定薪水，不再以件計價。聘請員工後，我的損失趨避心理便朝著另一個方向發揮作用。為了不讓員工沒事做，浪費每個月支付的薪水，我非常認眞拍片，速度甚至快到來不及剪輯。

# 第四章

# 成為「銷售者」後看到的東西

# 吸引家人目光的方法

自從經營YouTube之後，身邊的一切在我眼裡都是拍片的素材。我三不五時就會冒出一句：「咦？這可以拍成影片耶……」看到別人做的事情比較另類，或者個性特別有趣時，我就會建議他去做YouTube。更重要的是，我開始分析YouTube，不再只是單純享受拍片的樂趣。

「這支影片的點閱數爲什麼突然暴漲？這個人的影片縮圖是觸動了哪一種人類欲望呢？我下次應該拍怎樣的影片呢？」

我開始看報紙和新聞。我以前不知道，原來下新聞標題也是一種藝術，即使報導內容和別人差不多，一個聳動的標題，就會讓人忍不住點進去看。

〈趙寅成與美貌的女友結婚……婚紗照公開〉
〈孫泰英、權相佑夫婦，終究要面臨分開〉
〈白智榮離開老公鄭錫元，也沒帶走年幼的女兒〉
〈尹啓相閃電結婚，六個月後……〉
〈金憓秀與前男友柳海眞分手十年後重逢〉

點進這些釣魚標題後，才發現實際內容是這樣：

趙寅成不是演員趙寅成，而是同名的高爾夫選手。
孫泰英確診新冠肺炎，進行居家隔離，不得不和權相佑分開。
白智榮爲了拍攝綜藝節目，獨自去旅行。
尹啓相婚後六個月才去蜜月旅行。
金憓秀與前男友柳海眞因爲電影《老千》重新上映，再次碰面。

這些標題可謂遊走在眞實與謊言的邊際，引人注目的最高境界。如今，我總算明白記者爲什麼要把標題寫得這麼聳動了——如果不這麼做，就不會有人點進去看。新聞媒體就算被罵，也要下這種標題，追根究柢，都是爲了「錢」。他們寫的報導附帶廣告，有人看就有錢賺。因此，他們必須設法讓人點閱文章，這樣才能生存。新聞媒體近年來在 YouTube 上豁出一切，同樣是爲了「錢」。因爲透過 Google AdSense 投放廣告可以賺錢，所以他們在 YouTube 上播放新聞，而且多是引人注目的聳動內容。

要在資本主義社會活到最後，碰到這種事，不能只知道罵，還要懂得把從中學到的東西套用在自己的內容和商品上。

如果無法吸引人們的目光，內容或商品再好都沒有用。不過，我們究竟是受到哪一種人類欲望的驅使，才會如此喜歡聳動的東西？《現金廣告》一書將人類的八種欲望彙整如下：

## 1　生存與生活的樂趣，延長壽命。

2 飲食的樂趣。
3 免於恐懼、痛苦、危險。
4 性滿足。
5 舒適的生活條件。
6 想要超越他人、避免落後的心態。
7 對深愛的人的關懷與保護。
8 社會認同。

書中提到，我們在下標或寫文案時，只要善加利用這些欲望，誘導人們點進文章，便可以賺到更多錢。以書籍爲例，一本書的書名若能觸發人類欲望，就能提升銷售（表3）。

想要成爲優秀的銷售者，必須了解消費者。當銷售者懂得關注消費者對什麼有反應、如何採取行動時，銷售成績就會愈來愈好，賺到愈來愈多錢。

### 表3　換個書名，就能提升銷售

| 舊書名 | 年銷售額 | 新書名 | 年銷售額 | 欲望類型 |
|---|---|---|---|---|
| 《十點鐘》 | 2,000 | 《藝術的意義》 | 9,000 | 第8種欲望 |
| 《金色頭髮》 | 5,000 | 《找尋金髮戀人》 | 50,000 | 第4種欲望 |
| 《辯論技巧》 | 0 | 《邏輯辯論的手段》 | 30,000 | 第6種欲望 |
| 《卡薩諾瓦與他的愛情》 | 8,000 | 《卡薩諾瓦，史上最偉大的情人》 | 22,000 | 第4種欲望 |
| 《箴言》 | 9,000 | 《生命之謎的真相》 | 20,000 | 第1種欲望 |

幣別：美元

# 想減肥的話，就和別人合夥吧

隨著YouTube頻道訂閱人數愈來愈多，開始有相關業者來詢問合夥的事。由於我的頻道主題是賣場，來提案的多半是倉儲、集運與程式設計業者。我對集運很感興趣，便主動與其中一家廠商聯繫。這家廠商位於中國威海，服務項目是從中國寄貨到韓國。老闆告訴我，他以前透過海外直購的方式經營代購，賺了不少錢，才開了這家集運公司，還教我集運系統與代購技巧。和他聊生意的事實在太開心，讓我完全忘記了時間。聊到後來，還發現他和我同齡。之後，我爲他的公司宣傳，沒有收取任何費用，我們的關係因此變得更密切。

集運公司老闆問我想不想經營程式開發事業時，我二話不說就答應了。他介紹了一家開發商給我。我與集運老闆、開發商就此展開三方合作，股份也分成三等分。起先一切都很順利，我們共同創辦公司，開發商負責寫程式，我把我知道的東西告訴開發商，持續優化程式。一年過去，程式終於上線。我以自己的經驗，改善了在線上賣場進行銷售時可能會遇到的種種問題。

然而，程式大賣、用戶大增，難免會有客訴。由於大家幾乎都是衝著我的名氣購買程式，收到客訴的人也變成了我，而不是開發商。看著營業額蒸蒸日上，我相信這個程式對消費者絕對有幫助。最終，我撐過了這場危機。

一般而言，合夥通常會在生意不好的時候出問題，我卻是在生意太好的時候出問題。從頭到尾，集運公司老闆幾乎沒有任何貢獻。開發是我和開發商負責，經營是我負責，被罵的也是我，但收益卻是平分。礙於我們已經簽了合約，我和集運公司老闆又是朋友，我只能獨自生悶氣。營業額持續上升，我有時候甚至希望大家不要再買了，因爲這樣會增加客服工作。我每天都在煩惱該如何向集運公司老闆開口，也開始討厭明知營收分配不合理卻裝聾作啞的他。

隨著壓力愈來愈大，我的體重從七十八公斤掉到七十二公斤。再這樣下去，我應該會瘋掉吧。我決定詢問徐課長的意見，他卻對我說：

「你先承認全部都是你的錯吧。」

啊……我開始後悔找他了，他每次都說問題出在我身上。

「你沒想清楚就簽合約，當然不能怪別人。」

「我沒想清楚就簽合約，確實是我的錯，但他什麼事都沒做，一直分紅也不對吧。他又沒投資，只是介紹開發商給我而已。事到如今，難道我不能要求提高我的股份嗎？」

「你如果向他提這件事，或許他眞的會多給你一些股份。不過，我認爲有件事比那幾趴的獲利更重要。」

「那幾趴的獲利可是五、六十萬元耶！」

「沒錯，不管是幾十萬都比不過它。我說的是信任。做生意的時候，信任比什麼都重要。一旦你找他重新談合約，你就失去了別人的信任。」

「這不是大家都能接受的理由嗎？何況，這件事只有我們雙方知道，別人不會知道吧。」

「別人不知道，但是你自己知道啊。這是最可怕的。失去一次信任，很容易失去第二次。沒有人想和失去信任的人做生意。」

「但我快要因爲這件事瘋掉了！」

「不要再想這件事了，試試看我們一起做過的『設定環境』吧。不過，這次不是和我，而是和訂閱者一起。」

我再度接受了徐課長的建議。我在YouTube上傳合夥很辛苦的影片，還宣誓自己會堅守承諾，絕不會更改合約，否則就把全部財產分給所有認識我的人。人心眞的很神奇，向大家宣誓之後，我知道就算再心痛也於事無補。很快的，我不再覺得難過。

後來，開發商也出了問題。由於用戶數太多，伺服器不堪負荷。我決定讓大家免費使用程式，因爲我認爲，就算賠錢也不能失去消費者的信任。到最後，生平第一次與人合夥的程式開發事業失敗收場。

這次事件也被我拍成影片，上傳到YouTube，標題是〈我很抱歉程式寫得不夠好〉。我以爲自己的程式開發事業走到盡頭，沒想到，竟然有其他開發業者看了我的影片之後，主動向我提出合作方案。我以這次的失敗經驗爲基礎，開發新的程式，目前營業額逐步上升中。程式開發失敗的經驗，意外地提高了我的個人品牌價值。

對了！大家應該很好奇我和那個集運公司老闆的關係怎麼樣了吧？我和他變得比朋友更親近，直到現在都很要好。

# 不是房屋仲介，而是團購仲介

YouTube頻道訂閱人數超過一萬人後，我開始收到各式各樣的廣告合作提案。有廠商找我做洗碗機的比較，也有網紅經紀公司找我結盟、線上課程平台邀我開課、健康食品請我將商品置入影片等。在那當中，有封郵件特別吸引我的目光。

「開團購，每個月賺進二十萬元。」

我曾經在YouTube上看到靠團購賺錢的影片，出於好奇，我立刻回信敲定會議時間。我一直很好奇團購的商業模式，聽完他們的說明，我驚訝得說不出話來。

「世界上竟然有這種銷售方式……」

眾所皆知，團購是在指定期間內以特價銷售商品。不過，各位應該不知道，團購商品的利潤相當驚人。標價一萬兩千元的品牌吸塵器，在團購期間打折，以七千元販售，但進貨價其實只要三千元。賣一件賺四千元，網紅和團購仲介各分得五〇％。製造廠商也要賺錢，可想而知，實際成本不到兩千元。然而，消費者又不是笨蛋，怎麼會花七千元買三千的東西呢？在我打聽之下，才知道廠商早就安排好了一切。

不管消費者再怎麼搜尋，那個品牌吸塵器的標價都會是一萬兩千元，因爲廠商已經提前在部落格、IG、公開市場上統一價格。也就是說，當消費者看到YouTube影片，好奇商品多少錢時，永遠只會查到一萬兩千元這個數字。對於自己喜歡的YouTuber介紹的東西本來就有信賴度，何況還便宜五千元，消費者當然會買單。

於是，我決定在YouTube頻道上開團購，賣吸塵器、加濕機、辦公椅。雖然團購仲介提供的產品不易引起頻道訂閱者的共鳴，但爲了累積經驗，我還是做了這個決定。此外，我透過這次經驗得知了一件事，別的網紅不能同時和我開同樣的團，這算是一種商業道德吧。

一週過後，我總共賣掉兩台七千元的吸塵器、一台六千元的加濕機、十二張五千元的辦公椅，淨利大約兩萬元。雖然有點失望，但畢竟我的訂閱者是來學賺錢的，不是來買東西的，得以從這次經驗見識到開團購的可行性，我已經十分滿足。

# 沒錢又沒人脈的我，該如何取勝？

我著迷於團購的魅力。儘管團購成果不怎麼樣，我還是對這種單憑仲介就能盈利的商業模式很滿意。我也藉由這次機會，得知哪裡可以找到適合團購的商品，那就是「封閉式賣場」。

「封閉式賣場」也是批發商城，如同字面上的意思，他們的市場封閉，不隨便供貨給任何人。此外，封閉式賣場的商品受到規範，無法在消費者常見的酷澎、11street、Gmarket、AUCTION. 平台販售。我在封閉式賣場找了幾家廠商，以身爲網紅的優勢，與其中一家交易。

現在，我只要按照當初收到的邀約函，寄信給其他網紅，詢問他們有沒有意願開團購就行了。封閉式賣場廠商還提供我團購邀約的郵件格式，眞是感激。我沒有時間寄郵件，於是我請小舅子幫忙，薪水以時薪計算。凡是在YouTube公開商業合作信箱的露營網紅、居家改造網紅、廚房家電評論網紅，都是我邀約的對象。總共大概寄了五十封郵件，卻沒有人回信。問題出在哪裡呢？明明標題吸睛，也有封閉式賣場廠商的參考資料，內容充滿說服力，怎麼會毫無回音？

我試著站在對方的立場思考，如果我是網紅，有什麼理由不開團購呢？

首先是商品的信賴度。要是向自己的訂閱者販售品質不佳的商品，將對頻道帶來負面影響，必須非常小心。再者，他們可能認爲這是詐騙。就我自己來說，我通常會先看過郵件，覺得有問題再刪掉。不過，對團購不熟悉的人，或許會把它當作垃圾郵件，直接略過也說不定。

掌握了問題之後，就可以設法解決。爲了提升商品的信賴度，我在郵件中加入可以免費試用的內容。封閉式賣場廠商告訴我，只要我支付商品費用，他們就會把商品寄給網紅，眞是謝天謝地。接著，我在郵件標題加上我的

YouTube 頻道介紹：

「您好，我是金次長，經營 YouTube 頻道《副自男》，訂閱人數超過一萬人。」

我向三百位網紅寄了邀約函，共有八人回信。我與其中三人合作，有一位是擁有三十萬訂閱的網紅。他向觀眾宣傳一款健康食品的中秋禮盒，結果商品大賣，一週營業額就高達一百萬元。

# 到前公司講課

過去跟我關係不錯的前主管久違地打電話找我，我將自己目前做的事鉅細靡遺地說給他聽。身爲行銷部門高階主管的他聽完以後，邀請我回公司幫其他人上行銷課。我想，他應該是希望我在行銷部門會議時，和大家分享自己至今爲止學到的東西，便欣然答應了。殊不知，當天我被帶到會議廳，而不是平時那個小會議室，不僅董事、前主管、前同事們全出席了，老闆也坐在第一排。原來，我是要幫全體員工上行銷課啊。

「這不是電視劇才會出現的場面嗎？」

我相當自豪，興奮之情難以言喻。我和大家分享這段期間的實戰經驗，像是如何在不同的市場增加曝光度、怎麼寫部落格、以YouTube頻道建立個人品牌的重要性，還有提高產品價值的各種方法。中小企業不同於大企業，少有教育訓練，因此，對於許多人來說，這些都是初次接觸的資訊，大家聽得瞠目結舌。雖然市場行銷組有在經營公司的部落格，卻不懂得如何曝光。因爲沒人教，他們也不知道該去哪裡學。線上銷售組也一樣，不懂得如何提升商品詳情頁的說服力，或者應該說，他們連商品詳情頁必須具備說服力都不知道，只曉得把商品拍得漂漂亮亮。

結束時，我和前同事打了招呼。每個人擁有的時間都一樣，但我現在已經是一家公司的老闆，時間濃度明顯與他們不同。

告別前同事後，我和董事、老闆一起去吃午餐。我們邊吃邊聊，董事在聽到我現在的月收入時，嚇了一大跳。老闆好像很滿意課程內容，問我可不可以再上一次課，因爲他想讓門市夥伴也來聽。我開玩笑地跟他說，屆時可不能再空手找我來。過了幾天，老闆眞的召集全國門市店長，付費請我去講課。

這次講課的對象，多是先前一起工作的門市店長。幾位店長認出了我，和我打招呼，其中一人讓我想到「世事難料」這句話。徐課長很討厭的王課長，在被公司解雇後，自己開了一家加盟店，所以也來參加這次的教育訓練。課程結束後，我在回家路上打電話告訴徐課長這件事。

「徐課長，我今天回前公司講課，結果遇到王課長。他離開公司後，好像開了一家加盟店。」

「哇……真的嗎？好好幫他吧。」

「咦？你不是很討厭王課長嗎？」

「我以前的確很討厭他，不過現在滿感謝他的，畢竟他是讓我離職的大功臣。」

王課長雖然是被開除的，可是，他說自己現在賣腳踏車，每個月可以賺二十萬元以上。聽別人說，職場順利，轉換跑道才會順利，看來也不是沒有例外。

# 老婆的私人IG

「為什麼不靠那個賺錢呢？」

最近看到老婆時，我都會產生這樣的想法。徐課長說，這是我的大腦正在轉換成「銷售腦」的證據。

老婆是ＩＧ愛用者，每到週末，就會找新開的咖啡店踩點、拍照，上傳ＩＧ。她不但照片拍得漂亮，也對室內裝潢很有興趣，將每家咖啡店使用的燈具和裝修風格摸得一清二楚。唯一的問題在於，她把ＩＧ帳號設定為非公開。

我以前不曾多想，但最近總覺得那些照片和內容不公開太可惜了。我試著說服老婆，告訴她公開咖啡店的貼文，應該可以賺錢。我也答應她，要是真的賺到錢，我就買她夢寐以求的愛馬仕包包送她。老婆被愛馬仕的提案打動，公開所有咖啡店的貼文，並在留言區加上家飾品牌與裝修風格的說明。

我還建議她主動關注題材類似的帳號，但是她沒這麼做。儘管如此，她的IG追蹤者仍舊一天比一天多，從一百、三百、一千，慢慢上升到超過兩千人。隨著追蹤者愈來愈多，她愈來愈有興致，有時候一天就去了兩家咖啡店。將周遭的咖啡店全部探索過一遍之後，她逐漸擴展行動範圍。

我的目標是號召粉絲，開團購，賣家飾商品。意想不到的是，老婆收到了體驗試用邀約，請她去新開的咖啡店拍照，上傳IG，費用是兩千四百元。追蹤者超過五千人時，收到了首次的廣告合作提案。老婆十分興奮，但我深知五千粉絲的價值有多大，叫她跟對方說價格不能低於七千元。老婆瀟灑地發出沒有七千元就不接的回信，沒想到，對方竟然接受了。

我認爲時機成熟，便以老婆的IG帳號開團購，賣封閉式賣場廠商的燈具。A品牌燈具有著蘑菇造型，價格大約是六千元。我在IG上傳漂亮的商品照片，宣傳團購，活動爲期五天。最後購買人數是兩人，結果不是很令人滿意，可能是商品不符合粉絲的需求吧。在我看來，相較於自己經營粉絲團，倒不如做團購仲介，請其他網紅開團購。不過，要是將來我自己開咖啡店，這個粉絲團應該就能派上用場。

縱使團購以失敗收場，老婆仍舊沉浸在擔任體驗試用團，去新開的咖啡店踩點、拍照，上傳各種內容的樂趣當中。

# 自由工作者的背叛

有個Café社群叫做「會痛的才是老闆」，自營業者聚在這裡，互相分享各種資訊與創業的艱辛，最常見的話題，莫過於員工問題。比方說，員工和客人打架，打到鼻梁斷掉，或是工讀生說要去上廁所，卻再也沒有回來，或是員工偷走食譜和顧客名單，威脅老闆自己要另起爐灶等，難以想像的事層出不窮。

原本以為我員工不多，應該不會有問題，不料，我也遇到了荒唐事。多數需要委託別人的工作，我都是外包，只有訂單交給熟識的晚輩處理。他也在我這裡做了一年多的時間。一開始訂單比較少的時候，我一個月付給他一萬兩千元左右；營業額增長、訂單比較多的時候，也曾經一個月付給他五萬元以上。

我的線上賣場主打露營用品，五月時，因爲是旺季，加上有 YouTuber 幫忙拍評論影片，業績相當好，訂單增加不少。那個月，他常常加班，我不僅給他兩倍酬勞（四萬元），還追加加班津貼（六萬元），總共付了十萬元。雖然感覺有點多，但我很感激他一路陪我到現在，因此很樂於付這筆錢。

結束五月的訂單高峰期，六月中旬時，他突然說想跟我見面。我有了不好的預感。有什麼事的話，大可傳訊息或打電話，沒必要當面談才對。突然說想跟我見面，如果不是要加薪，就是要辭職吧。果不其然，他約我見面是爲了辭職。他跟在我身邊做了這麼久，認爲自己應該也能勝任這個工作，想要經營自己的線上賣場。

儘管難過，我仍然爽快地接受，並告訴他未來有什麼問題都可以問我。接著，他提到了退職金。他事先打聽過，韓國法律規定，只要工作報酬符合經常性薪資，且任職滿一年，離職時便能領取退職金，就算是自由工作者也一樣。若眞的如他所說，我得支付相當於一個月薪水的退職金給他。我腦中一片混亂，不過，我還是答應了他。

之後，我匯給他一個月薪水的退職金。他一直認眞工作，這是他應得的。沒想到，隔天一大早，晚輩在共享辦公室等我。他表示自己的朋友是勞務士，幫他算過，他的退職金不只一個月薪水，必須加上五月的加班費才對。我感覺自己的血液逆流，連聲音都在顫抖。我想辦法冷靜下來，然後對他說：「多給兩萬元，對我來說沒有太大差別。但是，你之後遇到困難，我也許會因此不再對你伸出援手，這對你可是一大損失。」

說完這句話，我便離開辦公室。我打電話給我的稅務會計師，會計師回覆我，晚輩說的沒錯，退職金確實是以離職前三個月薪水的平均値計算，再按年資比例給付。我帶著感激多付的加班費，成了退職金變高的關鍵，我好生氣，甚至覺得一切都是他的陰謀。我不禁感嘆自己養老鼠咬布袋，並且下定決心，以後絕對不再和員工講情面。

我想，如果是徐課長的話，說不定會有不同的見解。於是我約他碰面，將這次的事情一五一十地告訴他。

「錯的是你啊。這件事之所以發生，不正是因爲你認爲正式員工太貴，只想找自由工作者，才變成這樣的嗎？全都是爲了你的利益，錯的自然也是你。」

「什麼？你瘋了嗎？」

「一家公司發生的所有問題，就算看起來不像老闆的錯，終歸是老闆的錯。金勝鎬在《社長學概論》（사장학개론）一書中就提到，無論發生任何問題，把問題歸咎在自己身上，便能找到改進的方法。一旦把問題推給員工或別人，問題就很難獲得改善。想要防止未來出現同樣的問題，你必須承認，錯的是你自己。」

「……」

「你要給他多少退職金呢？」

「本來是四萬元，但還要再給兩萬元。」

「那就再加兩萬元，用八萬元了結這件事吧。」

「你說什麼？從剛才開始，你就一直說些不合理的話耶！」

「你說以後絕對不再和員工講情面。可是，誰會想在這種老闆底下工作？

金錢來自於人，幫你賺錢的也是人。器量狹小的人，身邊不會有好人。不如趁這次機會培養你的器量，多給他一點。器量變大以後，賺的錢也會變多喔。」

「哇，你是叫我當冤大頭嗎？」

「嗯，金大頭這個名字還不錯。如果是我的話，比起在鐵公雞老闆底下工作，我更想在大頭老闆底下工作。」

按照徐課長的方式，承諾給晚輩八萬元以後，神奇的事發生了。晚輩拒絕我多付兩萬元，說自己不該收那筆錢。眞是令人意外，我以爲他會毫不猶豫地接受呢。我心情平復許多，二話不說便把他要求的兩萬元匯過去，接著傳訊息跟他說，將來遇到問題儘管找我。傳訊息的過程中，我察覺自己的眼眶逐漸濕潤。

# 達成單月淨利七十萬元

從經營部落格、代銷、海外直購，到開設 YouTube 建立個人品牌，我在短短兩年內達到單月淨利七十萬元。不過，我的生活與零用錢七千元時期並沒有太大差別，只有兩件事改變了。

第一件事是，我不再到處找油價便宜的加油站。之前車子沒油時，我都會找油價最便宜的加油站加油，就算距離很遠也一樣。但現在，我覺得花時間找加油站的成本更高，因此，即便油價較貴，仍然就近加油。

第二件事和壽司有關。我很喜歡吃壽司，只要有值得慶祝的事，我就會到壽司店報到。還是上班族的時候，我從來不曾盡情地吃壽司，每次吃到一半，便開始計算價錢，只要接近五百元，我就不敢繼續吃了。月入七十萬元以後，雖然還是會在吃到一半時計算價錢，但額度調升到八百元。

月收入從八萬四千元變成七十萬元以後，我開始安於現況，認爲這樣應該夠了。假如繼續擴展事業，肯定需要建立商品品牌，或是其他投資，屆時又要承擔新的風險，似乎沒有必要。像現在這樣，過著穩定的生活，不也很好嗎？那些比我更有錢的富翁，究竟是基於什麼原因持續奮鬥、挑戰呢？徐課長爲何會在這個時期選擇聘請更多員工，建立組織體制，想辦法賺更多錢呢？我的提問不再繞著生計打轉，而是往更高層次邁進。

針對我的提問，徐課長如此回應：

「我的目標是財富自由，不工作也能月入五十萬元。我希望在四十五歲之前達成這個目標。不工作也能月入五十萬元的方法，不外乎投資股票和房地產。如果想靠股票配息，每個月固定賺五十萬元的話，需要至少一億元現金。如果要靠房地產，每個月固定賺五十萬的話，必須擁有價値三億至三億五千萬左右的房地產。儘管買房地產可以貸款，但也需要至少七千萬至一億元現金。假設每個月賺七十萬元，全部存下來，一年也只有八百四十萬元，十年下來是八千四百萬，扣除稅金，剩下大約五千萬元，這樣根本不可能在我希望的時間點達成財富自由。難道不應該努力賺更多錢嗎？」

「可是，達成財富自由後要做什麼？像現在這樣，一邊工作一邊生活，不也很好嗎？」

「吳斗煥在《吳行銷》（우케팅）一書中提過『大義』。成功的人都有大義，想讓世界變得更好的大義。我在名爲『thanksgive』的福利機構擔任理事，我們爲貧童蓋圖書館，送他們去旅行。因爲這份工作我才知道，在育幼院長大的孤兒成年時，會拿著十二萬元離開。他們大部分會去找先前一起長大的哥哥姐姐，但哥哥姐姐也不知道怎麼賺錢，要不是在便利商店打工，就是向下沉淪。被哥哥姐姐騙走那十二萬之後，他們往往會走上同樣的道路。因此，我到處奔走，希望成立免費教那些孩子賺錢方法的社團。不知道是不是因爲我的名氣不夠大，大家都忙著過自己的生活，對這件事並不關心。

「於是，我決定改變做法，將對象從那些已經成年的孩子，改成國中生。如今，我已經打造好教育空間，我的計畫是從他們上國中開始，就教他們做線上銷售、廣告、理財。一旦學會這些事，他們可以幫自營業者做廣告，或是在線上賣東西。這樣一來，不僅能振興地方經濟，孩子們也能在過程中成為線上銷售專家。此外，我也會引薦他們到我認識的店家工作，如果想學咖啡手沖，就介紹他們到咖啡店學習，如果想學麵包烘焙，就介紹他們到麵包店學習，之後再教他們如何賣這些東西。

「過個三、五年，想必孩子們會成為銷售專家。到時候，他們將不是被迫離開育幼院，而是到外面成立自己的團隊和辦公室。開創先例以後，這種教育體制會在各地遍地開花吧。每次說到這件事，都讓我熱淚盈眶，因為我找到了令我內心澎湃的志業。」

「可是，做這件事不一定要達成財富自由，月入五十萬元吧？」

「當然，但我會盡自己最大的努力。我之所以追求月入五十萬元，是因為我除了要養家，還要負擔爸爸的照護費，每個月開銷很大。我又不是耶穌或佛祖，總要先照顧好自己的家人，再去幫助別人。」

雖然我的方向和他不同，但我也有夢想的人生。我想要四處旅行，過什麼都不用做的人生。還是上班族的時候，財富自由對我來說只是個夢，根本不敢把它當成目標。但現在我稍微改觀了，如果我愈來愈懂得銷售，說不定有機會實現這個目標。成爲一個優秀銷售者的方法十分明確，投資自己，提升知識，賣大眾喜歡的商品與服務就對了。如果想賺更多錢，勢必要投身更大的市場，面對的競爭對手也會更強，這是在所難免。倘若目標是財富自由，那就要擠進能賺更多錢的市場。

# 原來這就是所謂的稅金炸彈

我以前認爲有錢人多繳稅金是天經地義，直到我年收入達到五百萬元，需要繳交一百二十萬元的稅金時，才驚覺修法刻不容緩。比起實體店面，線上賣場的月租費、人事費等成本相對低廉，原本是個優勢，卻在計算稅金時成了劣勢，因爲沒有可列舉扣除的項目。

爲了節稅，我上網搜尋相關資訊。節稅的方法不少，其中有幾個還算容易。首先是青年創業減稅。在韓國，年滿十五至三十四歲的創業者，個人所得稅與營業所得稅可減免五〇%，年限是五年。此外，男性依法到三十四歲爲止皆有服兵役義務，因此創業減稅年齡可放寬到三十六歲。我現在是三十七歲，不符合減免資格。

再來是在非人口過密抑制區創業。爲了避免產業資源高度集中在首都，在非人口過密抑制區創業者，享有最多五年的營業所得稅減免。最重要的是，符合青年創業資格，又在非人口過密抑制區創業，五年內免徵個人所得稅。

我感到懊惱不已，竟然沒有在第一時間打聽這些資訊。怎麼會這麼傻？要是事先知情的話，就能省下幾十萬元的稅金了……

我決定請教稅務會計師。會計師教我以公司名義節稅的方法。他跟我說，登記公司的好處，除了營業所得稅遠低於個人所得稅之外，假如有貸款需求，只要公司財務報表正常，可貸金額也比個人高。因此，許多創業者以公司名義置產或投資房地產，憑藉槓桿效果賺到更多的資產，未來辦理繼承時，也可以減少繼承稅與贈與稅的負擔。

我一心想著節稅，卻沒想過利用省下來的稅金錢滾錢。《社長學概論》的作者金勝鎬說過，賺錢能力和生財能力是兩碼子事。我想，我有必要好好學習生財之道。

# 關於學習

有道是，學無止境，那麼銷售又是如何呢？這陣子，市面上的賣場行銷課程，標榜的不是銷售終結者，就是銷售之神。這麼看來，銷售似乎眞的有止境。該怎麼做，才能抵達終點呢？方法只有兩個，打造出核心價值超群的商品，抑或效仿傑出的銷售者，學會讓商品大賣的方法。

開始賺了一點錢以後，我到處參加名師講座。除了徐課長推薦的講座，我也找了其他講座，仔細探究年營業額上看一億、十億元的人到底有什麼祕訣。我從這些課程當中得到一個領悟，這讓先前的學費都值得了。那就是：無論賺一億或十億元，都沒有所謂的銷售祕訣。

大多數人以為高營業額源自於某個特別的祕訣，所以四處奔走尋找。有一群人的做法相當與眾不同。他們建立的Café社群叫做「一群為銷售瘋狂的人」，我先前曾和Café社群的管理員，以及成員一起上過課。那個Café社群的成員主要都是二、三十歲的青年，有些人年營業額超過一億元，甚至達到兩億元。在徐課長的協助之下，我和他們一起學習，得知創造高營業額的方法，是在規模較大的市場（時尚美容／健康食品）中，將有價值的商品堆砌得更有價值，再賣出去。

社群中也有很多專業講師，他們每個月會舉辦一至兩次聚會，分享聽完彼此的課程後的實踐結果。我問過其中十六位成員，今年的景氣比去年差，是否對他們的營業額產生影響。驚人的是，當中沒有一個人的收入減少，大家的營業額都比去年更好。他們相互學習、激勵，也因此才有這樣的成果。

世界上多的是為銷售瘋狂的人，他們賺的錢一天比一天多。他們每天都在思考如何讓自己的商品或服務賣得更好，要是這樣的人賺不到錢，誰賺得到呢？

# 在銷售過程中
# 找到建立品牌的線索

採購露營商品時，我決定買下一種叫做「手榴彈充氣機」的電動充氣機。它的外觀長得像手榴彈，適用於充氣帳篷、充氣床墊等。向批發商城訂貨後，我在賣場上架這項商品，有位客人透過Q&A詢問是否有其他顏色。我將這個問題轉給廠商，他們回覆我商品僅有一種顏色。客人沒有多說什麼，默默買了黑色的手榴彈充氣機。在那之後，我不時收到同樣的提問。

非黑色的手榴彈充氣機正是消費者有需求、市場卻未供應的商品。於是我做了市場調查，確認大家喜歡哪些顏色。在露營市場中，沙棕色是最有人氣的顏色。我決定請人生產沙棕色的手榴彈充氣機，並加上我的商標。我參考 YouTube 上的商標註冊教學影片，申請「HON CAMPING」①商標。我對單人露營賣場依舊迷戀。註冊完成後，我在中國阿里巴巴網站找了幾個手榴彈充氣機的廠商，與他們洽談合作。雖然我不會說中文，至少會說點英文，大部分的對話都使用了 Papago②翻譯。

阿里巴巴的廠商告訴我，假如想要更換顏色、印上商標，最少要訂五百個。我向徐課長求援。他教我把他的 YouTube 頻道傳給對方，和對方說自己的下線有十萬人，如果之後賣得不錯，廠商也可以賺到錢。後來，廠商將最小訂購量從五百個降到兩百個。居然這樣利用自己的訂閱者，徐課長眞是狠角色。

我請對方製作樣品，以便確認顏色符合我的需求。中國廠商說樣品費是一百美元，後續如果確定量產，可以免除這個費用。樣品的顏色令人滿意。既然都要做了，我打算再冒一點險。我又加訂了兩百個卡其色，而且連樣品都沒確認，就直接進入量產。我決定嘗試同時販售黑色、沙棕色、卡其色三種顏色。

手榴彈充氣機的單價是九．五美元，我訂了四百個，總價是三千八百美元。印有「HON CAMPING」的沙棕色、卡其色商品運到我指定的倉庫後，終於正式開始銷售。銷售結果如何呢？

商品十分暢銷。不到三週，沙棕色就賣光了。不久後，卡其色也跟著銷售一空。我很後悔只訂了四百個。幫人代銷，我的利潤約二〇％，但自己進口銷售，我的利潤超過了六〇％。

我再度向廠商訂貨，這次是沙棕色一千個，卡其色五百個。中國廠商說，如果我把卡其色的量加到一千，湊齊兩千個，就多給我五％的優惠。我選擇不追加卡其色，而將沙棕色追加到一千五百個，湊齊他們說的兩千個，他們表示沒問題。協商成功眞令人興奮。兩週後，加訂的兩千個商品完成，速度快得驚人。一問之下才知道，兩千個並不是大數目，美國、歐洲客人下單時，最少都是一萬個起跳。市場規模大的地方，果然不一樣。

由於這次的量比較大，徐課長建議我到中國拜訪廠商，順便確認商品品質。不知是我在短時間內加訂兩千個的關係，或是徐課長十萬訂閱者的力量使然，對方說要到機場接我。於是，我前往中國。

抵達中國機場後，司機先生拿著寫上我英文名字的Ａ４紙，站在出口等我。他完全不會說英文，路上一句話也沒說，就這樣開了四小時，途中連一次廁所都沒讓我去。一到工廠，老闆立刻找我開會，幸好有位韓僑協助翻譯，我才有機會提問。會議中有件事令我印象相當深刻，那就是喝茶的儀式。中國人喜歡喝茶，他們會以滾水淋在茶杯上，熱過杯子後，再用那個杯子喝茶，這讓我感到很新奇。

開完會後，老闆陪我繞了工廠一圈，然後帶我到外面吃午餐。我們明明只有三個人，卻坐在八人的大圓桌，旁邊還有服務生。老闆問我喜歡吃什麼，我回他我不挑食，所以他就自己點菜了。十分鐘後，我驚覺自己原來也有不吃的東西。

生平第一次，我吃了雞冠。一開始不知道那是什麼，所以吃了一口，但在得知那是雞冠後，我實在無法再動筷子。然而，麻辣鍋裡的豬腦更令我吃驚。韓僑看到我的臉色，告訴我，他們只是想讓我體驗看看不一樣的文化，不敢吃也沒關係。

吃完飯後，緊接著是兩千個商品的品質檢驗。由於沒辦法一一確認，我只抽了幾個檢查，確定沒有瑕疵。品質檢驗結束後，我入住了他們預先準備的飯店，隔天啓程返回韓國，兩天一夜的訪問畫上句點。難得出國，帶給大腦新的刺激，心情也變得愉快。搭飛機到中國和工廠老闆開會，更有一種成爲貿易商的感覺，我在不知不覺中得意忘形。

① 商標「HON Camping」首字「HON」出自韓文「單獨」（혼자，hon-ja）首音節。

② Naver 開發的即時翻譯軟體，支援多種語言互翻。

# 因為專利侵權而上法院

我的自有品牌以手榴彈充氣機爲起點，商品變得愈來愈多元。我請廠商幫我將每個露營商品都做成沙棕色，加上我的商標，然後在我的單人露營賣場上架。隨著賣場客人持續增長，手榴彈充氣機以外的商品也開始出現訂單，甚至還有實體露營賣場希望我供貨給他們。HON CAMPING這個品牌逐漸在露營業界嶄露頭角。

手榴彈充氣機大賣，工廠老闆再度邀請我去中國。見面時，他向我介紹他的朋友，同樣是一家工廠的老闆。老闆朋友的工廠專門生產電動腳踏車工具組，那是在一般腳踏車上安裝電池和馬達，就能成爲電動腳踏車的組裝工具。我之前在腳踏車公司上班，認爲這項商品有一定的需求，決定與老闆的朋友合作，將電動腳踏車工具組納入自己的品牌。

完成KC認證，將價值兩百四十萬元的電動腳踏車工具組進口到韓國後，我開始銷售這項商品。我一如往常地將商品上架到公開市場，增加曝光度，接著進行水道作業策略，在腳踏車和電動腳踏車愛好者的聚集地打廣告。正如我的預期，商品賣得很好。

某天，我接到警察局的通知，說我因爲侵害專利權，被專利所有權人提告。我必須接受調查，在指定時間到警局報到。

我不知道自己做錯了什麼，於是申請政府提供的免費法扶諮詢。公益律師和我確認狀況後，跟我說這的確是專利侵權，一旦判決確定，我將無法繼續販售這項商品。

我想起了價值一百七十萬元的那些庫存。我立刻委任律師，但這個案子最終還是被移送到檢察機關，難逃審判。這是無知的後果。開庭當天，我前往位於南漢山城入口的法院報到。開庭時間是下午兩點，我擔心自己遲到，一點三十分就在附近等待律師。

期間，一個全身刺青、拎著手拿包的人路過，我第一次在電視劇以外看到這等場景。不僅如此，法院門口還站著一群剛結束庭審的人，他們互相咒罵、高聲爭執，彷彿要殺死對方一樣。處在這樣的空間，我感覺自己好像眞的成了十惡不赦的罪人。

進入法院，我才知道民眾可以進法庭旁聽，律師說這是韓國採公開審理原則的緣故。我在非出於本意的情況下，目擊了別人的審判過程。那些人經營線上賭博網站，被檢察官求處一年六個月的徒刑。

輪到我的時候，我朗讀自己的身分證字號，接著坐上被告席。除了報出自己的身分，剩下的對話都是由律師、法官、檢察官開口，沒有我插嘴的餘地。審判結束，但官司尚未結束。下次審判的日期敲定了。出庭以前，我的思緒已經很亂了；出庭以後，我的思緒更亂了。我先在 Naver 搜尋看守所資訊，又到 YouTube 搜尋監獄生活。居然有人在出獄後，把監獄生活當作素材，拿來拍片賺錢。

我認為自己不該這樣下去，尚未發生的未來正在蠶食我珍貴的時間。然而，不管我怎麼想，都覺得好委屈。世界上的商品何其多，該如何逐一確認它們有沒有取得專利？有的商品甚至根本沒有生產，僅憑腦海中的點子就註冊專利，這合理嗎？消極的想法不斷折磨我。

我想起徐課長在員工事件爆發時對我說的話，先承認自己做錯了，才能解決眼前的問題。沒事先確認是我的錯，無知也是我的錯。承認錯誤後，我開始思考賣掉庫存的方法。我試著聯絡了專利所有權人。雖然出了問題，但剩下的庫存總是要賣掉吧。我不知道專利所有權人的聯絡方式，所以詢問對造律師，得到對方的電子郵件地址。我寫了一封長信給他。

內容主要是對於我的無知侵害到他的權益感到抱歉，表示願意賠償他所有的損失，不過，我希望能夠出售庫存，也會支付合理的專利使用費。寫完信後，我決心不再去想這起事件與審判的事。

專心思考更有意義的事情，勝過一直鑽牛角尖。我重新致力於讓自己持續精進、更了解如何賣東西。每次想到未來的審判和尚未出爐的結果，我就設法把心思拉回如何提高營業額。

正當我再度專注銷售時，專利所有權人回信了。他告訴我，官司進入刑事訴訟，已經難以回頭，但他會好好考慮庫存和未來的銷售問題。這封振奮人心的郵件並沒有對我產生太大影響，我仍舊固守本分，做自己該做的事。我變得更堅強了。

# 物美價廉的商品才是王道

露營商品中的三大天王分別是帳篷、椅子、桌子。我的目標是讓自己的商品至少在一個平台站上銷售榜前五名，哪怕只有一樣商品也好。為了找到物美價廉的商品，我在1688輸入關鍵字，從第一頁看到最後一頁，向所有的帳篷工廠、露營椅工廠、露營桌工廠一一詢價。1688的廠商也有分等級，等級較高的工廠幾乎都已經和國內業者簽約，且大部分位居國內銷售榜前五名之列。倘若我以同樣的價格上架商品，絕對無法勝過他們，所以我一直在找開價更低的供貨廠商。期間，一家先前交涉過的廠商透過微信聯絡了我。微信是中國的代表性聊天應用程式，在

1688提問時，通常會互加微信好友，以微信進行後續的溝通。微信有自建翻譯功能，如果我發送韓文給對方，對方可以透過翻譯功能知道我在說什麼。對方以中文回覆我的時候，我也可以將內容轉換成韓文。

這家廠商想要提高公司業績，因此願意配合我的開價。收到樣品後，我發現他們的品質不輸其他大工廠。不對，應該說更勝一籌。只不過，他們要求的最小訂購量是兩萬個。一般來說，消費者購買露營椅時不會只買一張，因爲還有家人、朋友，要賣掉這個數量並不難。我按照所學，將商品加上我的商標，藉由商品詳情頁提升商品的價值，而且價格比銷售榜前五名的商品更低廉。過去的經驗大放異彩，銷售不到一個月，我的商品就擠進SmartStore露營椅類別第五名。然而，快樂的時光往往短暫，第六名隨即降價促銷，開出比我便宜二十元的價格。

之前做代銷時，如果同業和我打價格戰，我多半沒有餘力跟進，但現在情況不一樣了。因爲我研究過工廠價格，選擇了開價最低的供貨廠商，於是，我跟著第六名降價，開出了比第六名的促銷價便宜五十元的價格。隔天，第六名跟進，卻沒辦法賣得比我更便宜。由於我的公司規模較小，我有自信贏得這場戰爭。我在求職網站確認過，第六名是一家擁有三十名員工的中小企業，相比只有五名員工的我，經營成本較高。一家公司想要順利營運，必須維持適當的利潤率，但目前的價格並不會對我產生太大的壓力，於是我又調降了二十元。我的露營椅隨著價格調降，變得愈來愈有價值，自然賣得愈來愈好。不知不覺間，它站上了 SmartStore 露營椅類別第四名。SmartStore 的第五名與第四名有著天壤之別，因爲以手機搜尋露營椅時，若不看廣告，首頁只會顯示四個商品。

最終，第六名恢復原本的價格。我不再是之前那個會在價格戰敗北的新手了。我跟著調回原價。首頁的四個產品當中，依舊是我的價格最有競爭力。找尋最低進貨價的策略在此次戰役中發光發熱。

# 來自酷澎的提案

我的露營椅一站上 SmartStore 第三名寶座，酷澎採購立刻來信詢問我有無意願加入火箭速配的行列。徐課長跟我說，酷澎是韓國目前流量最大的線上商城，加入他們不無裨益。我聯繫了酷澎採購，從他口中得知酷澎如何經營物流。酷澎旗下主要有火箭速配、賣家火箭和 Wing。

火箭速配的運作模式是酷澎向業者購買商品後，存放在各地的倉庫，並包辦之後的配送與客戶服務，因此到貨迅速。賣家火箭和火箭速配差不多，廠商將商品存放在各地的倉庫之後，由酷澎包辦配送與客戶服務，差別只在於廠商必須支付酷澎手續費。Wing 則是銷售者自行配送、進行客戶服務。

加入火箭速配的方法有兩種。一種是廠商如果有熱銷商品，酷澎採購就會主動聯繫。另一種是廠商主動聯繫酷澎，詢問他們有無意願上架自己的商品。假如酷澎認爲你的商品沒有賣點，無論你申請多少次，他們都不會接受提案。加入賣家火箭相對簡單，因爲酷澎不需要先買下廠商的商品。如果想要加入Wing，只要成立公司，隨時都可以上架自己的商品銷售。

由於各有優缺點，我無法斷言哪一種方式最好。以火箭速配來說，它最大的優點就是酷澎直接買進商品，沒有庫存壓力，可是不能任意修改商品內容。賣家火箭雖然可以任意修改商品內容，卻要負擔各種手續費，比如銷售手續費、倉儲手續費等。最後是Wing，手續費相對其他平台便宜，但到貨速度緩慢。使用過火箭速配的人絕對知道快速到貨的優勢有多大。

加入火箭速配後，我的商品立刻就有業績。酷澎一開始不會叫太多庫存，所以偶爾會有缺貨的狀況，但酷澎要求的庫存日漸增長。不用進行客戶服務，只要負責供貨就有業績，對於銷售者來說是很強大的誘因。況且，在酷澎上架時，就算賣得比SmartStore貴，仍然有人下單。果然，比起價格，許多人更重視到貨速度。不過，酷澎火箭速配也有它的缺點。即便商品沒有瑕疵，只是單純消費者變心，也可以要求退貨。站在消費者的立場來看，這是相當大的優點；但站在銷售者的立場來看，卻是極端麻煩。據說酷澎的這種體制與亞馬遜的體制幾近一致。

感受到火箭速配的樂趣之後，我向酷澎申請上架其他商品，但不是很順利。於是，我加入賣家火箭，在那裡銷售其他商品。依我個人之見，要是其他商城想不出更好的運作模式，酷澎恐怕會完全攻占韓國的電子商務市場。

# 賺錢後的種種改變（II）

我們的新家在慰禮新都市。先前還在擔心買不起十八坪的認購房，現在卻搬到兩倍大的三十九坪大樓公寓，儘管只是月租制。這裡離我們之前住的地方不遠，搬家前，也常帶女兒到這附近散步。每次路過這裡，我和老婆都會聊到：

「住在四千萬元房子的，都是怎麼樣的人？是富二代嗎？還是師字輩呢？」

對那時候的我們來說，搬進這個社區根本是奢望。沒想到，這個連作夢都不敢想的事情竟然會成眞。這裡離幼兒園很近，腳程快一點的話，不到三分鐘就能到小學。搬進大樓的那天晚上，老婆流下了感動的淚水。

賺錢後改變了很多事，其中之一就是老婆離開了待了十三年的公司。奇妙的是，辭去工作後，她長年無法根治的慢性頭痛隨即痊癒。還有一件說起來很悲傷的事，我們夫妻之間的爭吵次數少了九〇%，可能她以前都把工作壓力帶回家了吧。

俗話說，倉廩實則知禮節。生活日趨穩定後，我愈來愈懂得照顧家人。岳母來參觀我們的新家時，說這裡跟飯店一樣，讚不絕口。她離開後，我想起每年都會去拜訪的老婆娘家。岳母和眼盲的妹妹、年邁的母親同住在鄉下的老房子，屋齡超過四十年，幾乎沒有採光。我下定決心，如果存夠錢，就跟老婆商量買間房子給他們住。

我到現在都還記得，當我去付房子尾款時，收到了來自四面八方的稱讚，因爲岳母早就跟所有鄰居炫耀女婿買房子給她。我送給岳母的房子不僅面河，視野也很開闊。祖母每天都望著窗外，她很高興自己在臨終前能夠搬到可以眺望遠方的房子。我還將室內裝潢成飯店風格，大家滿意的神情令我無比欣慰。搬完家後，我們一起去吃鰻魚料理。祖母不斷讚嘆鰻魚好吃，胃口特別好，我才知道她從來沒吃過鰻魚。回家的路上，我感覺幸福其實沒什麼大不了。

賺了錢，看著身邊的人變幸福，我就覺得很幸福了。購物帶來的幸福，完全無法與這種幸福相提並論。

# 徐課長傳授的員工管理祕訣

隨著業績愈來愈好，我不得不聘請更多員工。我向徐課長請教如何管理員工，他將自己根據多年職場經驗打造的個人祕訣傳授給我。

## 1 用人首重人品。不對員工大小聲，也不雇用會大小聲的人。

我和徐課長共事過的那家公司，很多主管都會對員工大小聲，像王課長一樣人品極差的主管相當多。有些人覺得當主管就必須大小聲，畢竟總要有人當壞人。不過，徐課長對此不以爲然。他認爲每個人都有脾氣，但有能力的人可以在不發火的情況下，讓人遵從自己的想法行動。情緒的渲染力很強，主管如果一臉怒容，員工就會變得畏畏縮縮，直到主管氣消以前，工作效率都不會太好。因此，徐課長在雇用人的時候，相較於工作能力，更看重一個人的人品。

## 2 聚餐經費不設限，請員工吃美味的東西。

徐課長對於聚餐的事一直無法釋懷。以前的公司曾經到烤肉店聚餐，當時徐課長想要多吃一點，卻因爲每個人有七百元的預算限制，不能加點。儘管他說要自己付錢，還是被制止了，甚至遭到責罵。因爲那次事件，徐課長決定，無論如何都要讓自己的員工在聚餐時能夠大快朵頤。他會選在有名烤牛肉餐廳、螃蟹餐廳、飯店的吃到飽餐廳舉辦公司聚餐。

## 3 不限制員工兼差。

徐課長主張，如果薪水沒辦法超越大公司的水準，就不應該限制員工兼差。我和徐課長能有現在的成就，全是拜副業所賜，所以我也認同這個觀點。

但我有個疑慮：假如員工在上班時間做別的事，我應該採取什麼措施？徐課長如此回我：

「你和我上班的時候都很專心嗎？偶爾也會分心或偷懶吧。與其在那邊偷懶，不如讓他們做些副業，這對他們自己或公司都有幫助。」

「對公司有幫助？」

「爲了做好副業，他們肯定會學習新知，這些新知可以應用在工作上啊。」

徐課長的員工大部分都有兼差，其中有個員工已經用副業賺的錢買下一間房子了。

## 4 員工如果想進修，必須大力支持。

這點衍生自兼差。要做好副業，必須多學習，徐課長對於想要多學習的員工從不吝嗇。他認爲好學的員工絕對能成爲對公司有益的人才，因爲他們爲了副業而學習的新知勢必對公司也有幫助。

## 5 如果希望員工有更好的工作表現，就幫他們加薪。

徐課長的榜樣是朴世路。朴世路是網漫《梨泰院Class》的主角，這部網漫後來改編成電視劇。當中有段劇情是，新來的經理建議朴世路開除不會做料理的員工，以利改善停滯的營業額。朴世路沒有這麼做，反而把員工的薪水調成原本的兩倍，叫他加倍努力工作。最後，餐廳在那名員工的努力下，贏得廚藝比賽冠軍。徐課長對這段劇情印象非常深刻，當他要求某位員工接下新工作時，幫他加薪二〇%。這名員工也成了全公司最認眞工作的人。

## 6 旅行一個月也行，但期間仍須工作。

徐課長允許員工長期旅行，無論是一個月、兩個月都行，但不能在出遊期間耽誤份內工作。

## 7 不要求員工大掃除。

徐課長十分厭惡前公司的每週大掃除，可是，他自己卻在成立新的辦公室以後，也要求員工做同樣的事情。直到有員工問他可不可以請清潔公司幫忙時，他才想起自己過去的經歷，把打掃的工作外包給清潔公司。

## 8 不叫員工跑腿買咖啡。

徐課長不會要求員工處理私事，只會指派他們做公司的事。請員工喝咖啡時，他也會和員工一起猜拳，決定要讓誰要去買。員工偶爾會因此感到有壓力，不過，他覺得自己不喜歡做的事，別人也不會喜歡，因此自己也應該幫忙分擔。

聽完他的員工管理祕訣，我問他以這種方式經營公司會不會出問題。他說，就算真的經營不善，至少這麼做不會挨罵。得益於這樣的經營理念，除了副業發展順利的員工之外，沒有任何人提過辭呈，他的公司也因此不斷成長。

# 財富自由，取決於我的開銷

隨著營業額持續增長，公司資本愈來愈高，我有了新的煩惱：我究竟該賺多少錢，才能活出自己想要的樣子呢？

在閱讀無數自我啓發書之後，我的目標變得更具體，也設定好達成目標的時限：我希望自己在四十五歲之前，達成每個月二十萬元被動收入的目標。假如公司全面進行系統管理，月入二十萬元並不難，但對我來說，那並非被動收入，畢竟有些事還是得由我親自決策。

爲了解決這個煩惱，我找了很多人諮詢，像是專爲藝人購置房地產的稅務師，投資住辦混合住宅或套房、月入兩百萬元的房地產 YouTuber，以及專門銷售江南區公寓的事務所所長等，一一請教他們如何達成每個月二十萬元被動收入的目標。天下沒有白吃的午餐，他們的諮詢費用一小時要價七千元以上。

依我目前的情況來說，想要達成每個月二十萬元被動收入，實現財富自由的方法並沒有想像中多，主要就是銀行存款利息、股票配息、投資住辦混合住宅或套房等收益型房地產，以及投資建物。

先來看銀行存款利息，一個月要有二十萬元利息的話，本金大概要多少呢？以年利率四％計算，八千萬元的年息是三百二十萬元，扣除稅金後是兩百七十萬元左右。結論是本金必須有八千萬元，才能實現財富自由。可是，我還要買房子啊？這麼說起來，只賺八千萬元是不夠的。考量到期間還有生活費和所得稅等支出，至少要賺一億兩千萬元，才能湊齊八千萬元本金。

然後是股票配息。股票平均殖利率約四％，與銀行存款利息相似。不過，股票價值可能會隨著時間愈來愈高，相對的，也有下跌的風險。

接著是投資收益型房地產，也就是購買住辦混合住宅或套房。我從專家口中得知，住辦混合住宅與套房不是不會漲價，只是漲幅甚微。透過每月收租與轉賣價差，持續購入套房的話，大概擁有二十五至三十間套房時，月收入就會達到二十萬元左右。問題是，我做生意的時候，難以專心進行房地產買賣。我諮詢的專家曾委任房地產仲介幫他建立一個Google試算表，藉此進行系統管理，但在那之前，他可能已經看過數不清的房子。

最後一個是江南區公寓，爲何指定江南區呢？因爲我不喜歡不確定的事情，江南區建物收益率落在一%上下，公寓價值至少要有兩億元，月租才會超過二十萬元。手上有四千萬至六千萬元時，就能買下兩億元的建物，算是相對簡單的捷徑。相比需要應付房客各種要求的收益型房地產，由房客自行打理一切的建物似乎更好管理。

可是，背負一億四千萬至一億六千萬元貸款的生活，眞的稱得上財富自由嗎？想到急遽上漲的利率和空屋率，晚上睡得著嗎？倘若背負這麼龐大貸款，我或許會爲了利息，不停拚命工作吧。

財富自由比我預期的困難許多，於是我決定改變思考方向。有必要每個月賺二十萬元嗎？每個月都出門旅行，應該會感到厭煩吧。隔幾個月才旅行一次的話，一個月賺十萬元也夠用吧？我在腦海中想像每個月只需要賺十萬元的生活，心情總算輕鬆了一點。

大部分的自我啓發書都會鼓勵我們設定遠大的目標。有遠大的目標，我們才會採取相應的行動。我十分同意這個說法，因爲五年賺一千萬元的方法，絕對不會和五年賺一億元的方法相同。想要賺到一億元，就必須採取能賺到一億元的方法。有些大師說，無論目標是一億或十億元，付出的努力不會差太多，所以無條件投入十倍努力就對了。或許是因爲個人能力不足，我總覺得這說不通。光靠努力很難達成十億、二十億元這般的鉅富，還得要有些運氣才行。與其苦苦追求運氣，倒不如減少我的開銷，不是更有機會實現財富自由嗎？人生永遠沒有標準答案啊。

番外篇

# 與徐課長的訪談

後來，我的線上賣場單月淨利達到兩百四十萬元，YouTube 頻道訂閱人數也超過了六萬人。徐課長第一次找我幫忙，說他最近出了新書，希望我能拍個宣傳影片。我欣然同意了，以下是我和他的訪談內容。

**金：**請向訂閱者們簡單自我介紹。

**徐：**各位觀眾好，我是擁有十一萬訂閱的《了不起的徐課長》頻道創作者徐課長，很高興見到各位。今天來到這裡，主要是想向各位介紹我的第一本著作《這輩子，至少當一次賣家》。

**金：**這本書主要內容是什麼呢？

**徐**：最近，為了增加額外收入，從事副業的人愈來愈多，但絕大多數都不知道自己該從事哪種副業，或者該抱持怎樣的心態從事副業。我們生活在資本主義社會，想要賺到錢，勢必要懂得銷售。好比說，上班族賣勞動力賺錢，自營業者或公司賣產品或服務賺錢。在這個社會上，懂得銷售的人就能賺錢致富。我之所以寫這本書，便是希望大家選擇副業時，能夠選擇與銷售有關的工作。

**金**：你花了多少時間寫這本書呢？

**徐**：原稿（未經潤飾的草稿）大概花了六天。

**金**：六天嗎？六天就寫完一本書，不會太隨便嗎？

**徐**：雖然我是第一次寫書，但為了拍 YouTube，已經寫過三百篇以上的腳本。而且替別人上課、舉辦專題講座，超過五百次，內容全都與這本書有關。當我開始動筆寫作時，靈感就從我腦海中自然而然湧現。我寫得渾然忘我，不到六天就寫完原稿了。

**金**：這本書的內容都是你的親身經歷嗎？

**徐**：個人經驗有限，實在不足以談論關於銷售的各種資訊。因此，我將一些學生和朋友的經歷稍作改編，一起寫進書裡。書中提到的生意往來，全是真實故事，且都有獲利。

**金**：在你寫這本書的時候，誰是最大功臣呢？

**徐**：我的老婆給了我很多幫助。因為有她，我才能專心寫書，毫無後顧之憂。還有 Jachung 先生，他也幫了大忙。雖然我不認識他，但已拜讀他的電子書《超思維寫作》（초사고 글쓰기）多年。寫作期間，我將印刷本放在手邊，隨時參閱，從中獲益良多。書中提到寫作的四大要點：Short、Easy、Divide、Again，我總共檢查了稿件四次，確保文章簡明扼要、分段確實、深入人心。最後是《成為武器的故事》（무기가 되는 스

토리），這本書也讓我受益匪淺。書中主角遇到困難時，有人出手相助，他也突破重重難關，獲得最後的勝利。

**金**：我記得你之前寫過一本《朋友的建議》，不過在中途喊停了，是什麼原因讓你再次動筆呢？

**徐**：我之所以沒有完成《朋友的建議》，是因為我太追求完美。可是，看完申洙正的《工作的格調》（일의 격）一書後，我決定放下這個念頭。因為我意識到，現在我覺得完美的文章，再過五年、十年，等我有些成長時，同樣會令我感到羞愧。

**金**：你不會覺得自己的寫法有點幼稚嗎？似乎還參雜了一些大叔笑話。你是刻意這麼寫的嗎？

**徐**：我很喜歡幽默。維克多·弗蘭克博士於著作《活出意義來》中，描述了他被囚禁在奧斯威辛集中營時的經歷。看到人處在那樣惡劣的環境，仍能夠從幽默的力量當中獲得勇氣後，我更熱愛幽默了。因此，我在書中的各個角落添加幽默。

**金**：你在對話中時常引用自我啓發書，是為了讓自己看起來更聰明嗎？

**徐**：我引用的都是著名的行銷策略書。《影響力》一書提到了權威法則，由此可知，權威的經典書籍，遠比知名度不高的我更有說服力，所以我才會時常引用這類書籍。

**金**：你說要捐贈這本書的版稅，當作單親家庭的教育基金，有什麼特別的理由嗎？

**徐**：我曾經為一位獨自扶養兩個小孩的女性進行諮詢。她年紀二十三歲，前夫沒有給任何贍養費。她一邊打工，一邊經營線上副業，想盡辦法維持生計，卻不小心賣了不該賣的商品，侵害智慧財產權，必須支付原告和解金五萬三千元。儘管她向對方求情，表示自己是單親媽媽，生計有困難，對方也不願意降低和解金。她的存款根本不到三千元。我在幫忙解決這個問題時，深深感到單親家庭比誰都需要線上副業。要同時照顧小孩和出門工作，實在不容易。要是小孩突然生病，更是前途一片黑暗啊。因此，我希望可以把這本書的版稅捐贈出來，讓單親家庭可以學習如何經營線上副業。

**金：**這是最後一題了，你有什麼話想對訂閱者們說嗎？

**徐：**各位現在購買、閱讀這本書，使我賺到錢，此時此刻，我是生產者，各位是消費者。不過，這是一次聰明消費。願這次聰明消費對各位的生產者人生有所助益。謝謝你們。

附錄

# 徐課長推薦的副業清單

## 部落格代筆

**難易度：★☆☆☆☆**

| | |
|---|---|
| 內容 | · **副業簡介**：收錢為別人撰寫部落格文章，不是經營自己的部落格。<br>· **是否需成立公司**：╳<br><br>1 可以在Albamon、Alba Chunguk、Selfmoa、Kakao Talk公開聊天室等接案平台找機會。<br>2 完成測試後，便可與案主簽訂合約。通常是一週領一次薪水。 |
| 耗時 | 寫文章的速度愈快，時薪愈高。 |
| 預期獲益 | 一篇文章150～300元，一字0.7～1元。 |
| 銷售技巧練習 | 練習寫具有說服力的文章。 |
| 未來拓展機會（需成立公司） | 藉由部落格代筆，培養寫作能力，有助於經營自己的部落格。之後可以透過聯盟行銷或代銷，擴大事業規模。 |

# 轉賣二手商品

## 難易度：★★☆☆☆

| | |
|---|---|
| 內容 | ·**副業簡介**：收購（有需求的）二手商品，再轉賣獲利。<br>·**是否需成立公司**：╳（若獲利超過規定金額，就必須成立公司。）<br><br>1 必須先確認商品有無市場（利用Naver datalab）。<br>2 在二手商品社群或平台（如Joongna）確認行情。<br>3 在其他二手商品平台（如Dunggeun Market、Bunjang）搜尋可以「低價收購」的名牌商品。<br>4 於Dunggeun Market預約，如果有相關商品上架，立即下單購買。<br><br>**TIP　若要轉售二手名牌**<br>可以利用臉書社團「精品Real or Fake」（명품리오페）免費檢測商品是正品或仿品。 |
| 耗時 | 熟悉轉賣步驟後，一天約一小時。<br>商品愈貴，利潤愈高，但有一定風險。 |
| 預期獲益 | 一個月24,000～72,000元。 |
| 銷售技巧練習 | 1 練習掌握目前的消費者需求。<br>2 上架二手商品時，可以促使我們思考如何寫出提升商品價值的文案，也是一種練習寫作的機會。 |
| 未來拓展機會（需成立公司） | 1 進口日本名牌商品轉賣（需成立公司）：可以從日本名牌的公開拍賣網站進口商品，但價格較貴，最好對精品有些研究。<br>2 銷售名牌商品（需成立公司）：從暢貨中心收購全新正品，拍攝商品照片、製作商品詳情頁，上架銷售。 |

## 部落格聯盟行銷

**難易度：★★☆☆☆**

| | |
|---|---|
| 內容 | ·**副業簡介**：在自己的部落格活用酷澎夥伴、速賣通等聯盟行銷系統，或是Tenping、LinkPrice等聯盟行銷網站，銷售別人的商品。<br>·**是否需成立公司**：╳<br><br>1 在部落格推廣酷澎夥伴、速賣通等聯盟行銷平台的商品。<br>2 搜尋相關商品的人，透過部落格文章連結，購入商品。<br>3 向酷澎夥伴、速賣通等聯盟行銷平台收取手續費。<br><br>**須知　需揭露內容有置入廣告**<br>例如：此文章含有酷澎夥伴廣告，收取相關宣傳費用。 |
| 耗時 | 一天三小時。 |
| 預期獲益 | 部落格內容愈來愈多，利潤也會跟著上升。<br>一個月24,000～72,000元。 |
| 銷售技巧練習 | 1 練習提升部落格曝光度。<br>2 練習寫行銷文案。 |
| 未來拓展機會（需成立公司） | 1 可以購透過部落格進行代銷、線上銷售等。<br>2 部落格人氣夠高時，可加入體驗試用團。<br>3 懂得經營部落格，就有機會從事廣告代理或建立品牌部落格，達成月入數十萬元的高收益。 |

# YouTube聯盟行銷

## 難易度：★★☆☆☆

| | |
|---|---|
| 內容 | · **副業簡介**：在自己的YouTube頻道活用活用酷澎夥伴、速賣通等聯盟行銷系統，或是Tenping、LinkPrice等聯盟行銷網站，銷售別人的商品。<br>· **是否需成立公司**：╳<br><br>1 使用VREW編輯工具或AI影片製作工具，生成推廣聯盟行銷平台商品的影片。<br>2 影片中最好同時包含多件商品，比如三款大創必買清潔用品或五款旅行必備充電器等。<br>3 向酷澎夥伴、速賣通等聯盟行銷平台收取手續費。<br><br>**須知**　**需揭露內容有置入廣告**<br>例如：此影片含有酷澎夥伴廣告，收取相關宣傳費用。<br>**TIP**　短片可獲得Google AdSense收益，因此，除了介紹商品的影片，不妨拍些包含名言或具話題性的短片。 |
| 耗時 | 一天一～兩小時。 |
| 預期獲益 | 上傳影片超過三十部時，一個月可達7,200元以上。 |
| 銷售技巧練習 | 1 效仿同類型影片，找出消費者喜歡的縮圖和標題。<br>2 練習如何使用AI生成影片。 |
| 未來拓展機會（需成立公司） | 增進影片製作能力後，可利用同類型商品吸引受眾，透過YouTube頻道進行銷售。 |

## 直播帶貨

**難易度：★★★☆☆**

| | |
|---|---|
| 內容 | ．**副業簡介**：相中某樣商品時，與廠商洽談合作，透過直播銷售商品。<br>．**是否需成立公司**：○<br><br>1 挑選大衆喜惡不分明的商品或商品類型（一開始最好以代銷的方式進行，盡量避免買斷入庫）。<br>2 透過Grip等直播電商平台介紹、銷售商品。<br>3 接到訂單後，向廠商叫貨，由廠商出貨給客人。<br><br>**TIP** 商店須達一定等級才能在Naver Shopping Live進行直播。 |
| 耗時 | 一天兩小時。 |
| 預期獲益 | 追蹤者愈來愈多後，利潤也會跟著上升。<br>一個月24,000～120,000元。 |
| 銷售技巧練習 | 1 練習在鏡頭前說話。<br>2 訓練銷售的口條與說服力。 |
| 未來拓展機會（需成立公司） | 1 有機會成為線上購物主持人。<br>2 當追蹤者愈來愈多、銷量愈來愈高時，可與封閉式賣場洽談合作，以低於公開市場的價格銷售商品。 |

# 出版電子書

**難易度：★★★☆☆**

| | |
|---|---|
| 內容 | ·**副業簡介**：蒐集消費者喜歡或好奇的資訊，整合所有內容後，出版電子書，藉此賺取收益。<br>·**是否需成立公司**：╳（若獲利超過規定金額，就必須成立公司。）<br><br>1 可參考kmong等網站上既有的電子書類型，仿效他人的題材。<br>2 學習自己喜歡的、想學的、做得到的事情，然後創作電子書。<br>3 發行電子書後，可於部落格或其他網站進行銷售。 |
| 耗時 | 一天兩小時。 |
| 預期獲益 | 出版量愈來愈多，曝光度愈來愈高後，利潤也會跟著上升。<br>一個月24,000～120,000元。 |
| 銷售技巧練習 | 1 練習掌握市場需求。<br>2 練習寫行銷文案。<br>3 練習以YouTube或部落格號召人群，宣傳電子書。 |
| 未來拓展機會（需成立公司） | 藉由銷售電子書獲得的各種技巧與知識，可用於建立個人品牌或擴大代銷事業。 |

## 海外代購

**難易度：★★★☆☆**

| | |
|---|---|
| 內容 | ‧**副業簡介**：在速賣通、淘寶等海外網站採購商品，再於SmartStore、酷澎、Gmarket、AUCTION.等公開市場進行銷售。<br>‧**是否需成立公司**：◯<br><br>1 成立公司後，加入各個公開市場和批發商城。<br>2 翻譯海外網站的商品介紹，製作縮圖、商品詳情頁、功能介紹等，於公開市場上架商品。<br>3 替熱銷商品打廣告，促進商品銷量。 |
| 耗時 | 一天三～四小時。 |
| 預期獲益 | 隨著上架商品愈來愈多，愈來愈懂得運用曝光度、流量、說服力時，利潤也會跟著上升。<br>一個月24,000～120,000元。 |
| 銷售技巧練習 | 1 練習分析sellerlife或Naver datalab的數據，找出低競爭的利基市場。<br>2 練習寫具有說服力的商品詳情頁。<br>3 思考如何讓商品更具獨特性。 |
| 未來拓展機會（需成立公司） | 可擴大經營規模，改採進貨銷售模式，並將暢銷商品納入自有品牌。 |

# IG團購

**難易度：★★★☆☆**

| | |
|---|---|
| | ・**副業簡介**：累積IG追蹤者，運用影響力開團購賺錢。<br>・**是否需成立公司**：╳ |
| **內容** | 1 決定帳號類別，如露營、育兒等。<br>2 持續上傳同類型文章，與追蹤者交流。<br>3 尋找對自己照片感興趣的人，互相追蹤（活用主題標籤＃）<br>4 發文內容必須像在對話一樣，類似信件的形式，並活用主題標籤。<br>5 追蹤者達到一定人數時，廠商會私訊詢問，可從當中選擇合作對象。<br>6 如果沒有廠商私訊詢問，也可以主動聯繫自己愛用商品的廠商，與他們洽談能否以較低廉的價格提供商品。 |
| **耗時** | 一天一小時（不間斷）。 |
| **預期獲益** | 追蹤者中同好愈多，利潤愈高。<br>一個月24,000～120,000元。 |
| **銷售技巧練習** | 1 練習以IG號召人群。<br>2 練習製作吸引人點閱的縮圖。<br>3 練習與廠商洽談合作。 |
| **未來拓展機會（需成立公司）** | 透過IG開團購吸引更多追蹤者後，可以擴大市場，在YouTube或部落格等平台開團購。 |

## 販賣手工製品

**難易度：★★★☆☆**

| | |
|---|---|
| 內容 | · **副業簡介**：在家製作飾品、環保袋、印花模板等，在公開市場上架銷售。<br>· **是否需成立公司**：○<br><br>1 成立公司後，加入各家公開市場。<br>2 在公開市場上架自己做的商品。<br>3 替熱銷商品打廣告，促進商品銷量。 |
| 耗時 | 一天兩～三小時。 |
| 預期獲益 | 化興趣為商品。<br>自製品利潤率可達七○%以上。<br>一個月24,000～72,000元。 |
| 銷售技巧練習 | 1 練習參考市場需求，為消費者量身設計商品。<br>2 練習提高線上賣場曝光度。 |
| 未來拓展機會（需成立公司） | 由於手工製品產量有限，熟悉線上銷售後，不妨雇用員工、建立系統，擴大經營規模，量產商品。 |

# IG廣告代理

**難易度：★★★☆☆**

| | |
|---|---|
| 內容 | ·**副業簡介**：與部落格廣告代理模式相同。在自己的IG上傳美食照片，累積一定的追蹤者後，放置廠商廣告，收取相關費用。<br>·**是否需成立公司**：╳<br><br>1 上傳店家、餐點照片至多十張（如果叫外送，外送的包裝也可以當素材），加上大約十個簡單的主題標籤。<br>2 追蹤美食類別的IG創作者，或與對方互相追蹤，增加自己的追蹤者。<br>3 一般而言，追蹤者超過一千人時，便會陸續出現贊助。<br>4 追蹤者超過四千人時，會開始收到廣告稿費和短片廣告。<br><br>除了美食類別以外，也可以經營書籍、運動等類別。 |
| 耗時 | 一天一～兩小時。 |
| 預期獲益 | 一則廣告至少1,200元。<br>一個月24,000～120,000元。 |
| 銷售技巧練習 | 1 練習號召人群。<br>2 練習拍攝商品照片。 |
| 未來拓展機會（需成立公司） | 先經營美食類別，再擴大到其他類別後，有望成為IG廣告代理商。 |

## 國內代銷

**難易度：★★★★☆**

| | |
|---|---|
| 內容 | ·**副業簡介**：在domeme、domeggook、ownerclan等批發商城採購商品，再於SmartStore、酷澎、Gmarket、AUCTION.等公開市場進行銷售。<br>·**是否需成立公司**：◯<br><br>1 成立公司後，加入各個公開市場和批發商城。<br>2 根據批發商城的商品資訊，製作新的縮圖、商品詳情頁、功能介紹等，於公開市場上架商品。<br>3 替熱銷商品打廣告，促進商品銷量。 |
| 耗時 | 一天三～四小時。 |
| 預期獲益 | 隨著上架商品愈來愈多，愈來愈懂得運用曝光度、流量、說服力時，利潤也會跟著上升。<br>一個月24,000～120,000元。 |
| 銷售技巧練習 | 1 練習利用關鍵字，找出利基市場。<br>2 練習寫具有說服力的商品詳情頁。<br>3 思考如何讓商品更具獨特性。 |
| 未來拓展機會<br>（需成立公司） | 商品達到一定銷量時，可直接向中國廠商採購，提高利潤。 |

# 經營服飾電商

**難易度：★★★★☆**

| | |
|---|---|
| 內容 | ・**副業簡介**：在東大門批發市場採購服飾，再於SmartStore、酷澎、Gmarket、AUCTION.等公開市場進行銷售。<br>・**是否需成立公司**：◯<br><br>1 成立公司後，到東大門採購。<br>2 為商品拍攝照片、製作商品詳情頁，於公開市場上架。<br>3 替熱銷商品打廣告，促進商品銷量。 |
| 耗時 | 一天三～四小時。 |
| 預期獲益 | 隨著上架商品愈來愈多，愈來愈懂得運用曝光度、流量、說服力時，利潤也會跟著上升。<br>一個月24,000～120,000元。 |
| 銷售技巧練習 | 1 練習找出消費者喜歡的服飾（可利用數據庫）。<br>2 練習寫具有說服力的商品詳情頁。 |
| 未來拓展機會（需成立公司） | 銷售款式與種類愈來愈多以後，可架設自有官網，將喜歡自己商品的人聚在一起，建立自己的品牌。 |

## 亞馬遜物流（FBA）

### 難易度：★★★★★

| | |
|---|---|
| 內容 | ．**副業簡介**：使用亞馬遜訂單處理服務FBA，成為亞馬遜賣家，將商品上架到該平台。<br>．**是否需成立公司**：○<br><br>1 亞馬遜系統與酷澎火箭配送雷同。<br>2 利用JUNGLE SCOUT市調工具，尋找適合銷售的商品關鍵字。<br>3 透過阿里巴巴尋找商品代工廠，於商品加上商標。<br>4 將商品寄到亞馬遜倉庫，由亞馬遜代理銷售。<br><br>庫存賣不出去時，亞馬遜會收取相關費用，初期需投資十萬元左右。好處是亞馬遜平台會員超過一億五千萬人，市場大許多。 |
| 耗時 | 一天一～兩小時。 |
| 預期獲益 | 新手需投資十萬元左右，並且找到好貨源，寫出具有說服力的商品詳情頁。<br>一個月24,000～36,000元。 |
| 銷售技巧練習 | 1 練習掌握海外消費者需求。<br>2 練習寫具有說服力的商品詳情頁。<br>3 練習在亞馬遜打廣告。<br>3 培養海外採購能力。 |
| 未來拓展機會（需成立公司） | 如果在亞馬遜有不錯的銷售成績，便可以將商品賣到全世界。 |

Eurasian Publishing Group
圓神出版事業機構
用心與你對話·視野無限寬廣
先覺出版社
Prophet Press

www.booklife.com.tw　　reader@mail.eurasian.com.tw

商戰系列 250

# 這輩子，至少當一次賣家：換上銷售腦，為自己加薪

作　　者／徐課長 서과장
譯　　者／ Loui
發 行 人／簡志忠
出 版 者／先覺出版股份有限公司
地　　址／臺北市南京東路四段50號6樓之1
電　　話／（02）2579-6600·2579-8800·2570-3939
傳　　真／（02）2579-0338·2577-3220·2570-3636
副 社 長／陳秋月
副總編輯／李宛蓁
責任編輯／劉珈盈
校　　對／李宛蓁·劉珈盈
美術編輯／金益健
行銷企畫／陳禹伶·黃惟儂
印務統籌／劉鳳剛·高榮祥
監　　印／高榮祥
排　　版／陳采淇
經 銷 商／叩應股份有限公司
郵撥帳號／ 18707239
法律顧問／圓神出版事業機構法律顧問　蕭雄淋律師
印　　刷／祥峰印刷廠
2024年12月　初版



定價350元　　ISBN 978-986-134-516-1　

失敗也無所謂，因爲失敗的經驗可以提高下次成功的機率。

多累積失敗與成功的經驗，各位的大腦就會逐漸變成銷售者的大腦、生產者的大腦。

等到那個時候，各位將比現在活得更自在。

——《這輩子，至少當一次賣家：換上銷售腦，爲自己加薪》



國家圖書館出版品預行編目資料

這輩子，至少當一次賣家：換上銷售腦，爲自己加薪／徐課長 著；Loui 譯
臺北市：先覺出版股份有限公司，2024.12
240 面；14.8×20.8 公分
ISBN 978-986-134-516-1（平裝）

1. 銷售 2. 電子商務 3. 行銷策略 4. 職場成功法

496.5　　113015842